KÄTZCHEN *mit Köpfchen*

DIE FASZINIERENDE INTELLIGENZ
UNSERER STUBENTIGER

CADMOS

KÄTZCHEN *mit Köpfchen*

DIE FASZINIERENDE INTELLIGENZ UNSERER STUBENTIGER

von

Marlitt Wendt

CADMOS

Gestaltung und Satz: Johanna Böhm, Dassendorf
Lektorat: Anneke Fröhlich

Titelfoto: Shutterstock.de/levaiadam

Fotos im Innenteil:
animals digital/Thomas Brodmann (20 rechts, 28, 59, 71), Hans-Joachim Rudolph (S. 40, 55, 56), Ulrike Schanz (S. 14, 17, 20 links, 22, 23, 24, 27, 29, 30, 31, 33, 35, 36 unten, 37, 38, 42, 43, 44, 45, 46, 48, 52, 57, 61, 62, 63, 66, 68, 69, 73), Shutterstock.de/11A Fotografie (S. 60), /afitz (S. 53 oben), /Aliaksei Lasevich (S. 32), /Andrey Stratilatov (S. 41), /Bork (S. 47), /DenisNata (S. 36 oben), /Eric Isselée (S. 25 oben), /Floris Slooff (S. 8), /gengirl (S. 19), /gillmar (S. 6), / guidocava (S. 13), /Hannes Eichinger (S. 51), /ivy photo (S. 67), /Nailia Schwarz (S. 11), /Natalia Yudenich (S. 39), /Nejron Photo (S. 2), /PashOK (S. 14), /Sergio Castelli (S. 77), /S.P. (S. 64), / Steve Heap (S. 74), /Tom Pingel (S. 18, 53 unten), Tierfotoagentur/Ramona Richter (S. 25 unten)

Zeichnung: Maria Mähler

Druck: Westermann Druck, Zwickau

Deutsche Nationalbibliothek – CIP-Einheitsaufnahme
Die Deutsche Nationalbibliothek verzeichnet diese Publikation in der Deutschen Nationalbibliografie; detaillierte bibliografische Daten sind im Internet über http://dnb.ddb.de abrufbar.

Printed in Germany
ISBN 978-3-8404-4013-7

Inhalt

Vorwort: Wie schlau sind unsere Katzen?

Die Katze gehört zu den engsten und treuesten Begleitern des Menschen. Diese selbstbewussten und großzügigen Wesen haben vor Tausenden von Jahren der menschlichen Zivilisation sozusagen Starthilfe geleistet. Damals haben die schnurrenden Räuber lästige Nagetiere in den Vorratskammern vertilgt. Dass sie diese Aufgabe heute nur noch selten erfüllen müssen, tut der engen Bindung zwischen Mensch und Katze keinen Abbruch.

Da liegen die Fragen nahe, wie Katzen eigentlich unsere Welt sehen, was sie verstehen können und wie intelligent sie sind. Sehen sie uns wirklich nur als ihre Dosenöffner an und manipulieren uns geschickt mit ihrem Charme? Oder basiert diese innige Beziehung nicht doch vielmehr auf gegenseitiger Zuneigung und Verständnis?

Die Antworten auf diese Fragen finden sich in einem aktuell sehr spannenden Bereich der Verhaltensforschung, der sogenannten Kognitionsforschung. Diese Wissenschaft beschäftigt sich mit dem Denkvermögen der Tiere, der Art und Weise, wie sie Zusammenhänge verknüpfen und Erkenntnisse gewinnen. Was also kann unsere Katze überhaupt wissen? Was weiß sie über die Naturgesetze, die Mathematik und die menschliche Psychologie? Die modernen Erkenntnisse über unsere geheimnisvollen Hauskatzen entlarven sie nicht nur als bisweilen durchtriebene Intriganten, sondern enthüllen auch ihre sanfte Seite als verständnisvolle Seelentröster, tiefgründige Denker und anarchische Freigeister.

Ich möchte mit diesem Buch einen Blick in die schlauen Köpfchen unserer Katzen wagen und die verborgenen Talente und Fähigkeiten unserer samtpfotigen Hausgenossen aufspüren.

Marlitt Wendt, im August 2012

Wir müssen *Götter sein*

Die Katze und ihre Rolle in der Menschheitsgeschichte

Es ist schon etliche Jahrmillionen her, seit die ersten Katzen ihre lieblichen Pfotenabdrücke im Staub der noch jungen Erde hinterlassen haben. Und noch heute ist das Katzenpfötchen ein Symbol für Freiheit und Unabhängigkeit. Betrachtet man die außergewöhnliche Schönheit der Katze, ihre angeborene Grazie und die vollkommene Eleganz ihrer Bewegungen, so könnte man auf den Gedanken kommen, dass sie direkt vom Himmel zu uns auf die Erde gesandt wurde. Etwas nüchterner betrachtet ist es wohl aber wahrscheinlicher, dass sich unsere Hauskatze so wie wir Menschen im Laufe der Evolution allen Lebens auf unserem Planeten zu diesem anmutigen Geschöpf entwickelt hat. Sie ist das überaus ansehnliche Kind der irdischen Umwelt, das noch heute durch unsere Wohnzimmer stolziert und unsere bedingungslose Aufmerksamkeit einfordert.

Was lange währt, wird wunderbar

Die Familie der Katzen, die *Felidae*, haben sich über einen Zeitraum von Millionen von Jahren aus den sogenannten Schleichkatzen – kleinen Raubtieren mit eher lang gestrecktem Körper – entwickelt und eine Vielzahl eigener Arten hervorgebracht. Von den bei uns heimischen Luchsen über die imposanten Tiger und Löwen bis hin zu so ungewöhnlichen Vertretern wie den schnellen Geparden gestaltet sich die Verwandtschaft unserer heutigen Hauskatze. Tatsächlich ähneln sich die heute noch vorkommenden Vertreter der *Felidae* untereinander in ihrem Körperbau und ihrem Verhalten schon recht stark; einzig ihre Größe und die fantastischen Fellzeichnungen unterscheiden sich von Art zu Art.

Ihre innere Größe, ihr Selbstbewusstsein und auch ihre Intelligenz zeigen sich aber bei sämtlichen Vertretern ähnlich prächtig ausgestaltet. Sie alle sind äußerst bewegliche, hochspezialisierte Jäger, deren mentale und körperliche Voraussetzungen vorzüglich an eine solche Lebensweise angepasst sind: Sie alle haben äußerst sensible Sinnesorgane, reagieren sehr fein auf Emotionen und Veränderungen in ihrer Umgebung, verfügen über ein außergewöhnliches Orientierungsvermögen und können sich sogar in das Verhalten anderer Lebewesen hineinversetzen. Auch ihre ganz eigene kätzische Intelligenz entwickelte sich im Laufe der Evolution immer weiter. Sie lernten sich an unterschiedliche Lebensräume anzupassen, mit ihrer Umgebung zu verschmelzen und perfektionierten ihre Jagdstrategien. So schuf die Zeit die erfolgreichste Jägerin auf diesem Planeten, deren gesamter Körper zum Projektil ihres Willens wurde.

Wo sonst als im Paradies sollte wohl die heutige Hauskatze entstanden sein? Tatsächlich entwickelte sich die Hauskatze aus ihren

Damals wie heute halfen die Katzen, die Vorräte der Menschen von Schädlingen frei zu halten.

direkten wilden Vorfahren, den Falbkatzen, in dem wunderschönen, paradiesischen Gebiet nördlich der arabischen Halbinsel, dem „Fruchtbaren Halbmond". Hier befindet sich nicht nur das Entstehungsgebiet einer faszinierenden gemeinsamen Mensch-Tier-Epoche, sondern auch die Ursprungsregion unserer menschlichen modernen Lebensweise. Zwischen dem früher als Morgenland bezeichneten Gebiet des Sonnenaufgangs, der Levante und dem Zweistromland zwischen Euphrat und Tigris bis in den Westen des Irans kam es zu einem der wichtigsten Umbrüche in unserer Kulturgeschichte – und die Katzen haben uns begleitet, wenn nicht sogar uns dabei maßgeblich geholfen, das zu werden, was wir heute sind.

In der Jungsteinzeit kam es hier zum Übergang von einer nomadischen Lebensweise zu einer sesshaften Zivilisation mit Ackerbau und Viehzucht. In diesem Gebiet entstanden auch die ältesten Stadtkulturen der Menschheitsgeschichte. Ein ganz entscheidender Faktor dieser Veränderung des menschlichen Zusammenlebens war die saisonale Vorratshaltung. Nur durch den Ackerbau und das damit verbundene Einlagern von Überschüssen an Getreide und Früchten konnte der Mensch sesshaft werden und Städte errichten. Dies wiederum wäre vermutlich ohne die Hilfe der Katze nicht gelungen, da sie die Speicher von Mäusen und Ratten freihielt. Beide Seiten profitierten also von dieser gemeinsamen Lebensweise – und tun es heute noch. Sämtliche heute lebende Hauskatzen stammen genetisch von diesen Hütern der Kornspeicher nördlich der arabischen Halbinsel ab, ob sie es sich nun heute auf einer Couch in Texas, im Katzenbettchen in Deutschland oder auf einer australischen Veranda gemütlich machen. Sie sind also nicht etwa Nachkommen von Wildkatzen aus den jeweiligen Regionen. Die Menschheit hat vor rund 10 000 Jahren in der Wiege der Zivilisation im Zweistromland zu der Hauskatze gefunden und von dort aus mit ihr gemeinsam den Siegeszug in alle Welt angetreten.

Es ist nicht leicht, ein Gott zu sein

Während der Hund seinen Menschen abgöttisch liebt, weil dieser ihn füttert und streichelt, sieht eine Katze diese Angelegenheit gänzlich anders. Aus Sicht der anspruchsvollen Samtpfoten ist die Welt mythologisch eher so gestaltet: Die tumben Zweibeiner verehren mich, sie reichen mir edle Speisen und lesen mir jeden Wunsch von den Augen ab. Ich muss also eine Göttin sein!

Doch warum verehren wir Menschen die Katze so innig und warum können wir uns ihrer fast schon überirdischen Schönheit und Eleganz kaum entziehen? Schon seit Menschengedenken fasziniert die Katze ihre zweibeinigen Weggefährten. Vielleicht wurde sie zunächst einfach als nützlicher Schädlingsvernichter angesehen und nicht weiter beachtet. Aber spätestens die altägyptische Kultur erkannte ihren Wert für die Menschheit und betete die Katzengöttin Bastet an. In diesem kultischen Glauben der Antike wurden ihr als Symbol für Fruchtbarkeit, Schönheit, Weiblichkeit und Anmut auch die Fröhlichkeit und die Liebe zugesprochen – alles Attribute, die man auch heute noch der Katze nachsagt und für die sie bis heute weltweit verehrt wird. Fast wurde ihr diese Zuordnung zum Symbol der Weiblichkeit allerdings im Laufe der Geschichte zum Verhängnis. So wurde sie im Mittelalter beispielsweise als Begleiterin der Hexen und als Geliebte des Teufels angesehen und einige Katzen fanden sogar nach offiziellen Gerichtsprozessen einen schrecklichen Tod. Erst viele Jahrhunderte später wurde die Katze in der späten Neuzeit wieder zu einer pelzigen Göttin, die sich unserer uneingeschränkten Verehrung erfreuen konnte.

Zusätzlich zu diesen Beweggründen ist ihre Beliebtheit auch auf die kätzische Cleverness zurückzuführen. Was der Eine für „falsch“ oder „verschlagen“ hält, kann für den Anderen ein Zeichen ihres unabhängigen, stolzen Wesens sein. Katzen zeigen uns in ihrem Verhalten viele Seiten, die wir auch an anderen Menschen schätzen. Sie lieben leidenschaft-

Katzen – ein Symbol für Schönheit.

Katzen sind uns Menschen mit ihrem Geruchssinn überlegen und können die Duftspuren, die sie und andere Katzen an Möbeln hinterlassen, lesen und deuten.

lich, genießen zärtliche Nähe, scheuen sich aber auch nicht, gelegentlich ihre Krallen auszufahren, zu ihrer Meinung zu stehen oder eigene Wege zu gehen. Wir aufmerksamen Katzenliebhaber entdecken jeden Tag neue Details ihres Wesens und ihrer Psyche: Sie sind Meister der Stimmungsübertragung, perfekte Jäger, aufopferungsvolle Mütter und clevere Diplomaten. All das macht ihre einmalige Stellung in ihren menschlichen Familien aus. Jede Katze wird sofort als eigenständige Persönlichkeit wahrgenommen. Falls nicht, wird die Katze notfalls selbst auf die Anerkennung ihrer Persönlichkeitsrechte hinweisen. Katzen wissen um ihrer selbst und sind deshalb wirkliche Partner mit ihren Eigenheiten und liebenswerten Spleens. Sie leben das Dolce Vita und tun einfach all das, was wir selbst vielleicht gern tun würden, uns aber aus kulturellen und sozialen Gründen nicht zu tun trauen. Wer würde nicht gern jeden gemütlichen Platz im Haus ganz selbstverständlich für sich einnehmen, mal wieder völlig ausgeflippt wie ein Kind spielen oder auch der unerträglichen Nachbarin unmissverständlich die Meinung sagen. Katzen leben ihre Emotionen aus und dafür werden sie geliebt, denn sie sind authentisch und kompromisslos.

Die Katze ist eine Katze

Ganz besonders interessant ist im Zusammenhang mit der Kognitionsforschung der Katze der Vergleich mit anderen Tierarten oder dem Menschen. Wir Menschen können unser menschliches Gegenüber einschätzen, die Absichten des Anderen erkennen oder uns von ihm täuschen lassen. Aber haben Katzen in bestimmten Zusammenhängen vergleichbare Fähigkeiten? Je besser wir das Denkvermögen der Katze kennen, desto seltener wird es zu Missverständnissen zwischen Mensch und Tier kommen.

Katzen leben schon so lange Zeit in direkter Nähe zum Menschen, dass beide Seiten ihr Verhalten fein aufeinander abgestimmt haben. Jedes Lebewesen hat von Mutter Natur das Gehirn und die dazu passende psychische „Software“ geschenkt bekommen. Unsere Ahnen und wir sind die Kinder unserer natürlichen Umwelt, unsere Katze wie auch wir Menschen haben die Fähigkeiten mitbekommen, die wir für unser Leben benötigen. Die Intelligenz unserer Katze dürfen wir demnach auch nicht an den kognitiven Leistungen des Menschen messen. Wir Menschen würden beispielsweise ja auch in einem Intelligenztest schlecht abschneiden, der ausschließlich auf die geruchliche Unterscheidung von Kratzmarkierungen an Baumstämmen ausgelegt wäre. Wir wären schlichtweg überfordert, da diese Aufgabe nicht zu unserem natürlichen Verhaltensrepertoire gehört. Genau aus diesem Grund kann es nur eine Annäherung sein, wenn man sagt, die Katze wäre so intelligent wie ein Kleinkind. Sicher wird das bei manchen Aufgabenstellungen so sein, bei anderen ist sie selbst dem erwachsenen Menschen überlegen oder einem Säugling unterlegen.

Wir können bei der Katze nur die kätzische Intelligenz erforschen und nicht die menschliche. Die eine Form ist nicht besser als die andere, sie sind beide einzigartig. Um diese ewigen Vergleiche zu vermeiden, sprechen Verhaltensforscher generell auch nicht von Intelligenz, sondern von kognitiven Fähigkeiten. Aber was auch immer die Forscher noch über unsere kätzischen Mitbewohner herausfinden werden, der aufmerksame Katzenliebhaber weiß schon lange um die Katzenschläue.

Was ist kätzische *Intelligenz?*

Das Denken, Lernen und Erinnern der schnurrenden Gedächtniskünstler

Naturgemäß unterscheidet sich die Intelligenz der Katze von der des Menschen. Die Katze ist und bleibt ein kleiner Beutegreifer. Ihre wilden Verwandten haben noch die Neandertaler auf die Bäume gejagt. Deshalb entspringen die Gedanken und die Wahrnehmung der Katzen einer ganz anderen Erlebniswelt. Dennoch denke ich, dass man eine Katze immer dann am besten versteht, wenn man sich in sie hineinversetzt und versucht, ihr Denken und Erleben zu verstehen. Dies ist gar nicht so schwer zu bewerkstelligen, da sich ihr Gehirn sehr ähnlich wie unseres entwickelt hat und sich ihre Art zu denken damit zwar vom Niveau her, aber nicht prinzipiell von unserem unterscheidet. Wie wir ist sie in der Lage, aus ihren Erfahrungen zu lernen, logische Verknüpfungen herzustellen und Ereignisse zu erinnern.

Cleverer Katzenverstand

Eine Katze steht in ihrem häuslichen Alltag ganz ähnlichen intellektuellen Problemfeldern wie wir Menschen gegenüber: „Wer macht mir jetzt die Dose auf?“, „Warum hat die haarlose Nichtkatze heute keine Zeit zum Schmusen?“ oder „Welcher Trottel hat schon wieder die Haustür zugemacht?“. Unsere besonders pfiffigen Hauskatzen haben für diese alltäglichen Herausforderungen ganz unterschiedliche kognitive Fähigkeiten in verschiedenen Bereichen ausgebildet:

Sie verfügen über eine besonders hohe Beurteilungsgeschwindigkeit, die es ihnen erlaubt, einen ihnen unbekannten Sachverhalt schnell zu durchschauen und entsprechend zu entscheiden, ob sie etwa mit sofortiger Flucht oder auch mit vorsichtiger Neugier reagieren sollten.

Das Gedächtnis einer Katze ist erstaunlich leistungsfähig. Katzen erinnern sich sogar nach mehreren Jahren noch an einmal erlernte Tricks oder ihnen bekannte Personen. Die begabtesten Schlaumeier unter den Katzen zeichnen sich durch eine besonders hohe Gedächtnisleistung aus.

Daneben verfügen diese kleinen Intelligenzbestien über einen großen Einfallsreichtum. Je unterschiedlicher die Lösungsstrategien sind, die eine Katze zum Erreichen ihrer Ziele anwendet, je flexibler sie also ist, desto kreativer wird sie sich neuen Aufgaben widmen. Solche Katzen erfinden beispielsweise immer neue Spiele und haben eine einzigartige Gabe, sich ihrem Menschen mitzuteilen. Sie sind aber häufig recht anstrengend für die

Intelligente Katzen erfinden immer neue Spiele.

Zweibeiner, da sie Herausforderungen lieben und Langeweile nicht ausstehen können.

Besonders gewitzte Katzen zeichnen sich durch eine hohe Verarbeitungskapazität und Konzentrationsfähigkeit aus. Sie können viele unterschiedliche Reize, die gleichzeitig auf sie einprasseln, unterscheiden und besitzen ausgesprochen breit gefächerte Multi-Tasking-Fähigkeiten. So sitzt ein solches hochbegabtes Exemplar scheinbar teilnahmslos auf der Fensterbank und widmet sich der Fellpflege, während sie unauffällig die Blaumeise vor dem Fenster belauert, mit einem Ohr ihren zweibeinigen Dosenöffner belauscht, dabei den Duft des Nachbarhundes an ihrem Menschen wahrnimmt und sich gleichzeitig einen Schabernack zu der neuen Gardine ausdenkt, ohne sich dabei von der lauten Musik aus dem Küchenradio ablenken zu lassen.

Garanten für ein gewitztes Katzenköpfchen

Die Mutter-Kind-Bindung legt den Grundstein für eine gesunde Intelligenzentwicklung. Die meisten Kätzinnen sind hinreißende, aufopferungsvolle Mütter, die ihren Kitten schon früh eine gute Sozialkompetenz mitgeben und ihnen die nötige Sicherheit vermitteln, um sich optimal zu entwickeln und ihre kognitiven Fähigkeiten in einem sicheren Umfeld zu erproben. Auch die soziale Bindung zu der menschlichen Familie ist immens wichtig. Die Katze und ihre Bezugspersonen bilden eine Art Patchworkfamilie, deren Umgangsformen und Gepflogenheiten erst behutsam erlernt werden müssen. Sowohl wir Menschen als auch unsere Katze lernen in diesem Prozess, welche Spielregeln gelten und welche Verhaltensweisen unser Gegenüber auszeichnen.

Eine Mangel- oder Fehlernährung kann neben den gesundheitlichen Folgen für den Katzenkörper auch zu einer geringeren geistigen Aktivität führen, da das Gehirn ausreichend mit den notwendigen Nährstoffen versorgt werden muss, um optimale Leistungen vollbringen zu können. Eine ausgewogene, an die Leistung und Haltung der Katze angepasste Fütterung ist daher auch für die Intelligenzleistung und das Lernvermögen unumgänglich.

Gift für die kätzische Intelligenz ist Vernachlässigung. Jedes Lebewesen braucht Liebe und Ansprache, eine sorgfältige Pflege und Fürsorge, um sich wohlfühlen zu können. Oft laufen Katzen in ihrer Familie so nebenbei mit, keiner fühlt sich wirklich für die geistige Entwicklung des Tieres zuständig. Wirkliche Zuneigung können wir unserer Katze über Fingerspitzen-Massagen oder angenehmen stimulierenden Körperkontakt und durch das

Die meisten Katzenmütter kümmern sich intensiv um ihre Nachkommen und legen so eine solide Basis für die Entwicklung kätzischer Intelligenz.

schlichte Zusammensein mit ihr zeigen. In einer Atmosphäre der bedingungslosen, nicht forderungsgebundenen Zuwendung entwickeln Katzen die notwendige Sicherheit, die wiederum die Intelligenz nachhaltig fördert, damit die Katze entspannt und glücklich lernen und erleben darf, ohne Angst vor Fehlern haben zu müssen.

Ein Mangel oder ein Übermaß an Außenreizen führt zu einer Unter- oder Überforderung des Gehirns und infolgedessen zu einer Abnahme der Intelligenz. Daher ist ein ausgewogenes, anregendes Beschäftigungskonzept sehr sinnvoll, das sämtliche Sinne angemessen stimuliert. Wohnungskatzen sind naturgemäß leichter von einer Reizarmut betroffen, allerdings sollte man nicht in das andere Extrem verfallen und der Katze keine Ruhe mehr gönnen vor lauter neuen Spiel- und Beschäftigungsanreizen.

Katzen benötigen neben der Pflege zur Gesunderhaltung und der Zuwendung auch eine geistige Stimulation in Form von anregenden Herausforderungen. Solche Aufgaben können neben den klassischen Beschäftigungsmöglichkeiten wie Freigang oder Balkonaufenthalten auch gemeinsame Spaziergänge, positives Tricktraining, kreatives Clickern und gezielte Intelligenzspiele sein.

Neben viel Licht, Luft und Auslauffläche benötigen Katzen besonders einen abwechslungsreichen Lebensraum und eine stabile Familienstruktur mit starken menschlichen Sozialpartnern. Eine naturnahe Haltung auch innerhalb der Wohnung mit vielen verschiedenen Versteckmöglichkeiten, Aussichts-

Freigänger haben die Möglichkeit, ihre kognitiven Fähigkeiten voll zu entfalten.

Auch eine skeptische Katze gewöhnt sich an die Transportbox, wenn wir ihr Zeit geben, sich langsam an das neue Kuschelplätzchen zu gewöhnen.

plattformen und sicheren Ruheplätzen ist der Garant für eine intelligente lebensfrohe Katze.

Bemühen wir uns also um möglichst optimale Bedingungen für unsere Katze von ihrer Geburt an, so wird sie in der Lage sein, kreativ und wissbegierig mit uns gemeinsam durchs Leben zu gehen. Bei von uns übernommenen, erwachsenen Katzen, die bisher nicht viele Möglichkeiten der geistigen Entfaltung hatten, ist es sinnvoll, gezielt auf spielerische Art und Weise die Intelligenz zu fördern. Dies kann gelingen, wenn wir ihnen immer wieder die Möglichkeit geben, sich entspannt neuen Aufgaben zu stellen. Die Katze bestimmt die Lerngeschwindigkeit, der Mensch ist Partner, wohlwollender Förderer und Begleiter. Geduld ist hier der Schlüssel zum Erfolg.

Verschiedene Lernarten ergänzen sich

Es gibt verschiedene Lernarten, die im Katzengehirn teilweise parallel stattfinden und untrennbar miteinander verbunden sind. Im Folgenden möchte ich die wichtigsten kätzischen Lernformen vorstellen:

Gewöhnung

Bei der Gewöhnung (oder Habituation) wird im eigentlichen Sinne nichts Neues erlernt, sondern es wird im Gegenteil eine Verhaltensweise verlernt, nämlich die Reaktion auf eine ganz bestimmte Sinneswahrnehmung, einen Reiz. Ein Katzenkind wird vermutlich erschreckt reagieren und möglicherweise weglaufen und sich verstecken, wenn es von einem neugierigen Menschenkind allzu aufdringlich bedrängt wird. Wenn sich dieses Ereignis jedoch im Laufe der folgenden Wochen häufig genug wiederholt, die Katze das Kind in all seinen Lautäußerungen kennenlernt, weder positive noch negative Konsequenzen folgen, so wird sie nicht mehr mit Flucht reagieren. Sie hat sich also an den Reiz gewöhnt und ihr Fluchtverhalten individuell daran angepasst. Auf andere Außenreize wird sie auch weiterhin sehr stark reagieren, da das natürliche Fluchtverhalten an sich nicht verlernt wurde. So wird sie beispielsweise immer noch fliehen, wenn ein Kochtopfdeckel von der Küchenarbeitsfläche scheppernd zu Boden fällt. Die Gewöhnung bezieht sich also nur auf den häufig präsentierten Reiz, an den sich die Katze gewöhnt hat.

Diese Lernart kann sich für den häuslichen Alltag mit unseren vierbeinigen Familienmitgliedern als sehr nützlich erweisen. Eine Katze wird sich beispielsweise an viele für das Tier ungewöhnliche Gegenstände gewöhnen, wenn sie einfach in ihre Nähe verbracht werden, ohne eine negative oder positive Auswirkung zu haben. Wir könnten etwa ihre Transportbox einfach im Wohnzimmer stehen lassen und sie nicht nur immer dann herausholen, wenn wir mit der Katze zum Tierarzt wollen, damit das Tier die Box als ungefährlichen, ja vielleicht sogar gemütlichen Platz einschätzt und keine Angst vor ihr hat. Das Ergebnis einer Habituation ist jedoch nicht sehr stabil. Wenn wir also unsere Transportbox mal für ein halbes Jahr wieder auf den Dachboden bringen, wird die Katze nach und

Blick ins Innere

Verantwortlich für die sehr flinke Auffassungsgabe unserer Katze ist der fantastische Denkapparat in ihrem Köpfchen. Wie beim Menschen steuert auch bei der Katze das Gehirn den gesamten Organismus, verarbeitet Sinneseindrücke und dient als Schaltzentrale des bewussten Denkens der Katze. Ähnlich wie unser Gehirn gliedert es sich in unterschiedliche Abschnitte, die verschiedene Aufgaben wahrnehmen. Bei Mensch und Katze sind diese Areale lediglich etwas unterschiedlich differenziert ausgestaltet.

Betrachtet man das Katzengehirn von der Seite, so liegt das sogenannte Stammhirn unten in Richtung Genick und stellt quasi eine Verlängerung des Rückenmarks im Schädel dar. Hier wird das reflexhafte Reagieren gesteuert und der gesamte automatisch ablaufende Stoffwechsel reguliert, wie etwa der Herzschlag oder die Atmung. Zum mit dem Stammhirn verbundenen Zwischenhirn gehören der Thalamus und der Hypothalamus, die eine zentrale Schnittstelle zwischen dem Nervensystem und der Regulation der Hormone darstellen und beispielsweise auch den Schlafzyklus der Samtpfoten ausbalancieren.

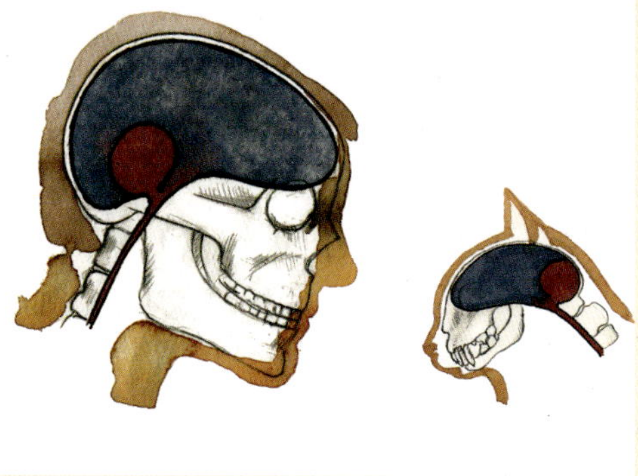

Gehirn von Katze und Mensch im Vergleich – die Ähnlichkeiten sind unverkennbar.

Das beim Menschen vergleichsweise schwach ausgeprägte Kleinhirn ist bei der Katze sehr gut ausgebildet; es steuert vor allem ihre phänomenalen Bewegungsabläufe und ihren unvergleichlichen Körpersinn. Im zweigeteilten Großhirn mit seiner Großhirnrinde finden wir schließlich ihre gewitzten und komplexen Gedanken. Hier ist der Sitz des Katzengedächtnisses, die Quelle des gesunden Katzenverstands und natürlich die Brutstätte für sämtlichen Schabernack, mit dem uns unser Stubentiger immer wieder aufs Neue überrascht.

Katzen können lernen, auf Zeichen ihres Menschen zu achten.

nach wieder empfindlicher gegenüber dem früher gewohnten Anblick. Eine Gewöhnung muss also immer wieder aufgefrischt werden, um weiterhin wirksam zu sein.

Sensibilisierung

Bei dieser Lernform wird die Katze ganz allgemein gegenüber sämtlichen Reizen empfindlicher. Hat sich unsere Katze an Silvester erst einmal vor einem Knallkörper erschreckt und wird sie gleich darauf mit den Leuchterscheinungen einer Rakete konfrontiert, so wird sie wohl zunehmend nervöser, obwohl sie eigentlich mit ähnlichen Reizen konfrontiert wird, die sie möglicherweise schon von einem Gewitter her kennt.

An dem Mechanismus der Sensibilisierung erkennen wir, dass gleichzeitig stattfindende Phänomene für unsere Katze schnell in einen direkten Zusammenhang gebracht werden – unabhängig davon, ob aus unserer Sicht ein solcher Zusammenhang tatsächlich besteht oder nicht. In unserem alltäglichen Umgang können wir diese Lernart nutzen, denn sie funktioniert nicht nur dann, wenn die Katze sich erschreckt, sondern auch, wenn sie sich besonders über einen Außenreiz freut. So wird eine wie beim Clickertraining mit Belohnungen trainierte Katze immer sensibler auf die dazugehörigen Schlüsselreize reagieren, sie wird quasi nach diesen Signalen suchen. Hat sie etwa erst einmal gelernt, dass sie sich auf ein Handzeichen hin auf ihr Hinterteil setzen soll, um daraufhin eine Belohnung zu erhalten, so wird sie aufmerksam nach diesem Handzeichen suchen. Die Katze wird also sensibler auf die Zeichen des Menschen reagieren und ihn sehr konzentriert beobachten. Ihre Aufgeschlossenheit gegenüber unseren körpersprachlichen Signalen führt automatisch zu einer aufmerksameren Kommunikationsbereitschaft.

Prägung und Sozialisierung

Unter dem Begriff Prägung werden Lernprozesse zusammengefasst, die auf eine zeitlich eng begrenzte, sensible Phase in der frühen Kindheit eines Tieres beschränkt sind. Ein Beispiel dafür ist die Prägung auf die Mutter. Jedes Katzenkind wird in diesem von der Natur wunderbar eingerichteten Prozess seine Mutter, ihren Körpergeruch und ihre Laute erkennen und ihr folgen. Das Lernergebnis ist sehr stabil. Werden Katzen an diesen frühen Lernerfahrungen jedoch gehindert, können schwere Verhaltensstörungen entstehen.

Außerdem gibt es bei der Katze noch die Phase der sogenannten Sozialisierung, in der das Katzenkind noch sehr unbefangen auf Neues zugeht und lernt, sich in der Welt der Katzen und Menschen zurechtzufinden. Hier lernt sie all die Verhaltensweisen, die typisch für eine Hauskatze sind: Sie lernt die Körpersprache der anderen Katzen und auch die der Menschen kennen sowie deren komplexe soziale Beziehungen.

Wir können den Prozess der Sozialisierung nutzen, wenn wir schon das junge Katzenkind an ganz unterschiedliche Berührungen und zum Beispiel an das Hochnehmen gewöhnen. Es wird in diesem Alter sehr leicht seine Scheu verlieren und den Menschen als einen natürlichen Bestandteil seiner Umwelt kennenlernen. Katzen, die in ihrer Kindheit kaum menschliche Kontakte hatten, bleiben oft sehr scheu und verhalten sich eher wie Wildkatzen als wie Salonlöwen. In der Gegenwart von Menschen fühlen sie sich nicht besonders wohl. Hier helfen nur viel Geduld und menschliches Einfühlungsvermögen, um eine vertrauensvolle Beziehung zu diesen kleinen Wildfängen aufzubauen.

Nachahmung und soziale Anregung

Per Definition findet Lernen durch Nachahmung nur dann statt, wenn eine Katze allein aufgrund ihrer vorher gemachten Beobachtung eines anderen Individuums ohne eigenes Ausprobieren ein Verhalten zeigt, das sie in dieser Form bisher nicht ausführte und das auch nicht angeboren ist. Dieses echte Nachahmungslernen ist in der Natur extrem selten zu beobachten und häufig auf einen Zufall zurückzuführen.

Katzen lernen auch von anderen Katzen, dass sie ihrem Menschen trauen können.

Bei unseren äußerst intelligenten Samtpfoten kommt es allerdings recht häufig vor. In einem wissenschaftlichen Versuch wurde einer Gruppe von Katzen die Möglichkeit gegeben, durch das Betätigen eines Hebels den Käfig zu öffnen, in den sie eingesperrt war. Dies war für die meisten getesteten Katzen zu schwierig. Dagegen wurde einer anderen Testgruppe die Möglichkeit gegeben, einer erfahrenen Katze beim Betätigen des Hebels und der Flucht aus dem Käfig zuzusehen. Schon war der Groschen bei den kätzischen Zuschauern gefallen und sie konnten ihr Vorbild imitieren. Diese Imitation funktionierte dann besonders gut, wenn die erfahrene Vorführkatze ein befreundetes Tier oder gar die eigene Mutter war. Offenbar ist das Beobachtungslernen bei Katzen auch eine Frage der sozialen Beziehung.

Es gibt bei der Katze noch einen weiteren Mechanismus des sozialen Lernens, die Stimmungsübertragung. So werden befreundete Katzen oft gemeinsam in ihren Katzenkörben kuscheln, wenn erst mal ein Tier den Anfang gemacht hat. Wir können uns die Vorteile der Stimmungsübertragung zunutze machen, indem wir unserer scheuen Kratzbürste Sicherheit durch die Anwesenheit einer ruhigen, menschenbezogenen Katze vermitteln. Die neue Katze wird ihr eigenes Verhalten an dem des erfahrenen Tieres orientieren. Katzen sind sehr soziale Tiere und stehen in ständigem Kontakt zu ihren Hausgenossen, auch wenn sie als vermeintliche Einzelgänger nicht auf diese angewiesen sind.

Clevere Katzen wissen genau, dass die Tube leckere Vitaminpaste enthält.

Klassische Konditionierung

Einem vorher neutralen Reiz kommt im Prozess der klassischen Konditionierung eine neue Bedeutung zu. Es wird im Gehirn eine Verknüpfung von zwei Ereignissen geschaffen, das Gehirn assoziiert zum Beispiel einen Gegenstand mit einem Gefühl. Dieser Lernvorgang erfolgt bei Mensch und Katze automatisch und unbewusst und ist nicht willentlich zu beeinflussen.

Wie der Pawlowsche Hund, den wir vermutlich alle im Biologieunterricht in der Schule kennengelernt haben, sind auch die meisten Katzen beispielsweise auf das Öffnen der Futterdose konditioniert. Ihr Gehirn hat eine Verknüpfung zwischen dem typischen Geräusch des Öffnens und der späteren Futtergabe mit dem damit verbundenen Glücksgefühl hergestellt. Die Katze wird sogar mit Vorfreude und Speichelfluss reagieren, wenn das Geräusch der Futterdose lediglich von einem Tonband abgespielt wird. Über den Prozess der klassischen Konditionierung können wir zusammen mit unseren schnurrenden Lieblingen kleine Tricks erarbeiten. Dies gelingt mithilfe des später ausführlich beschriebenen Konzepts des Clickertrainings (siehe ab Seite 58).

Operante Konditionierung

Die operante Konditionierung entspricht dem Lernen durch Versuch und Irrtum. Die Katze probiert in einer neuen Situation verschiedene Möglichkeiten aus und wird aus den entweder positiven oder negativen Erfahrungen bewusst ihre Schlüsse ziehen. Eine neue Verhaltensweise wird so freiwillig, zielorientiert und motivationsabhängig erlernt. In der freien Natur wird eine Katze etwa an einem Mauseloch feststellen, dass die Maus nicht einfach in ihr Maul hüpfen wird. Sie wird nun verschiedene Lösungswege ausprobieren, um an die ersehnte Beute zu gelangen. Vielleicht wird sie versuchen, mit der Pfote nach der Mahlzeit zu angeln oder aber einfach in Lauerstellung auf das Wiederauftauchen der Maus warten. Irgendwann wird die Jägerin durch ihre Bemühungen die Beute endlich erlegen können und dann die Konsequenzen ihres Handelns mit dem Jagderfolg genießen. Sie hat auf diesem Wege eine selbstständige Verhaltensstrategie zur Lösung eines Problems gelernt.

Der Katzen-Cleverness auf der Spur

Alle Tiere haben Prädispositionen, also Vorbestimmungen, für bestimmte Verhaltensweisen. Ein Hund wird etwa Freude daran haben, den Garten umzubuddeln, weil dies seinem angeborenen Verhalten entspricht – besonders Dackelbesitzer können ein Lied von dieser Grabetätigkeit singen. Da diese Hunderasse für die Verfolgung von Kaninchen in ihren Bauten gezüchtet wurde, ist die Neigung zu graben hier besonders ausgeprägt. Eine Katze hat dagegen die Prädisposition, stundenlang auf einem Fleck zu verharren und einem Beutetier aufzulauern, und zwar bei maximaler

Erregung. Ihr Gehirn wurde im Laufe der Evolution für diese ausdauernde Konzentrationsfähigkeit geformt.

Eine Katze ist kein kleiner Hund, daher müssen auch Verhaltenstests der kätzischen Kognition angepasst werden. Ein wichtiger Grund für das oft schlechtere Abschneiden von Katzen in vergleichenden Intelligenztests mit Hunden besteht darin, dass die typische Laborsituation die freigeistige Katze weitaus mehr stört als die meisten Hunde, die locker mit ihrem Besitzer ins Labor schlendern, ihren Test absolvieren und dann wieder nach Hause gehen. Katzen sind oft schon von der Anfahrt in der Transportbox und der unbekannten Umgebung so gestresst und gehemmt, dass sie ihr wahres Potenzial in diesem Umfeld nicht entfalten können. Die Versuchsbedingungen sind für sie daher ungünstig gestaltet und verfälschen so die Resultate. Aber leider gibt es bisher nur sehr wenige Studien in der gewohnten Umgebung der Tiere, wo man ihrer wahren Intelligenz viel besser auf die Spur kommen könnte.

Ein Merkmal kätzischer Intelligenz ist, dass Katzen oft einen Moment brauchen, bis man ihnen einen Lernerfolg ansieht. Sie werden nicht kontinuierlich besser und besser, sondern es erscheint in Tests oft so, als würden sie eine Aufgabe nie lernen. Dann plötzlich kommt der Augenblick, ab dem es so erscheint, als ob sie noch nie etwas anderes getan hätten. Bricht man den Versuch also zu früh ab, wird man die Katze für wenig intelligent halten und ihr damit nicht annähernd gerecht werden.

Schon der berühmte amerikanische Forscher Edward Lee Thorndike hat das in seinen „Puzzle-Boxen" beobachtet. Er nutzte für seine Untersuchungen Käfige, deren Türen die Katzen durch das Betätigen verschiedener Zugmechanismen öffnen konnten. Die

Katzen sind dafür geschaffen, bewegungslos vor einem Mauseloch zu verharren und auf ihre Beute zu warten.

Haben die Versuchskatzen einen Mechanismus einmal begriffen, so können sie das Erlernte sehr zuverlässig abrufen.

Testkatzen machten in seinen Versuchen zunächst erschreckend viele Fehler, es erschien, als würden sie die Funktionsweise überhaupt nicht durchschauen. Doch nach einigen Wiederholungen sank die Fehlerquote urplötzlich nahezu auf Null und alle vierbeinigen Versuchsteilnehmer hatten wie selbstverständlich die knifflige Aufgabenstellung gemeistert.

Genie mit Schnurrhaaren

Die kognitiven Fähigkeiten der Katze

Katzen haben ihre ganz eigenwillige Art, sich mit der Welt um sie herum auseinanderzusetzen. Sie lernen nur dann, wenn sie selbst es für lohnenswert erachten. Wenn sie sich dann aber entschließen, ihre schlauen Köpfchen zu verwenden, ist es erstaunlich, was alles dabei herauskommen kann. So mancher Katzenbesitzer klagt darüber, dass seine Katze ihm wieder einmal mental ein paar Schritte voraus ist und erneut einen Weg ins kuschelige Ehebett gefunden hat, das eigentlich tabu ist. Wir können unseren Katzen nur dann geistig gewachsen sein, wenn wir uns näher mit ihrer Art der Wahrnehmung beschäftigen. Insbesondere die Erkenntnisse aus der modernen Verhaltensforschung helfen uns zu erkennen, wie gewitzt unsere Stubentiger uns tagtäglich austricksen und manipulieren.

Was ihre Welt zusammenhält

Es ist ein weit verbreitetes Vorurteil, dass Katzen weniger intelligent als Hunde seien, da sie ja weder als Begleittiere für Blinde eingesetzt werden noch verschüttete Personen aufspüren oder beim Zoll genutzt werden. Diese Aufgabengebiete besitzen für unsere schnurrigen Individualisten nur wenig Reizvolles und so überlassen sie diesen „Arbeitsmarkt" lieber ihren hündischen Kollegen.

Die Katze ist von Natur aus nicht weniger intelligent, sondern sie erscheint uns manchmal nur weniger kooperativ als der Hund. Für den Hund stellt häufig schon das Beisammensein mit seinem Menschen einen großen Anreiz zur Mitarbeit dar. Die Katze ist hingegen fakultativ sozial, das heißt, sie kann sehr soziale, liebevolle Phasen haben, sie ist aber nicht auf den ständigen Kontakt zu anderen angewiesen. In der Natur kann sie ihre Beutetiere allein erlegen, sie benötigt dazu nicht die Kooperation mit Artgenossen. Katzen sind an sozialem Status nicht interessiert. Sie sehen sich sowieso als den Mittelpunkt der Welt und lassen den anderen so sein, wie er will.

Um eine Katze zu trainieren, muss man herausfinden, was sie motiviert – und das ist nicht immer einfach. Während bei Hunden oft schon das Hochhalten ihres Lieblingsballs zu wahrer Ekstase führt, kann es bei der Katze sein, dass sie sich gerade einmal zu einem Blinzeln hinreißen lässt, wenn für sie vielleicht gerade nicht der passende Moment für sportliche Betätigung ist. Studien haben gezeigt, dass Katzen zum Beispiel abwägen können, wie hoch die Anstrengung für das Erlangen einer angestrebten Beute ist. Ist es also aussichtslos, eine bestimmte Maus zu verfolgen, gebietet die Katzenlogik, sich lieber nach einer anderen umzuschauen, statt weiter kostbare Kräfte zu verschwenden.

Erweckt das Kratzen an den Möbeln die erwünschte Aufmerksamkeit, so wird es vermutlich immer wieder gern gezeigt.

Zur Katzenlogik gehört auch, dass man seinen Erfolgsprinzipien immer treu bleibt: „Never change a yummy system“. Was einmal super funktioniert hat, wird sehr lange weiter so gehandhabt. Das mussten viele unwissende Menschen leidvoll lernen, nachdem ihre Katze sie zum Beispiel durch das Kratzen an der Tür dazu aufgefordert hat, diese zu öffnen. Hat der Katze das Ergebnis dieser Aktion – das Hinauslassen in die Freiheit – gefallen, so wird schon dieser eine Moment ausreichen, damit die Katze eine neue Strategie stabil erlernt hat. Sie wird fortan an der Tür kratzen, wenn sie hinaus möchte. Zunächst leise, dann bei Nichtbeachtung immer fordernder.

Damit nicht genug: Die schlaue Katze wird diese Strategie auch auf andere Lebensbereiche übertragen und etwa an der Tapete kratzen, um Aufmerksamkeit oder Futter zu bekommen. Bei „gut erzogenen“ Menschen reicht es schon, eine Kralle auszufahren und in Richtung Tapete zu führen. Spätestens dann wird der Zweibeiner schon wie gewünscht reagieren. Verzweifelt wird man feststellen, dass die Katze uns besser im Griff hat als wir zugeben möchten. Zwar kann man versuchen, fortan jegliches Kratzen zu ignorieren, was zu einer nervlichen Zerreißprobe werden kann, da die clevere Katze ihre Bemühungen zu steigern weiß. Hinzu kommt, dass eine einzige winzige Nachlässigkeit unsererseits diesen Versuch zunichte machen kann. Schon eine emotionale Reaktion oder ein Zuwenden von uns kann von der Katze als zustimmende Aufmerksamkeit gewertet werden und sie in ihrem Handeln bestärken. Also sollte man sich merken: Ein einmal erlerntes Verhalten ist nur sehr schwer wieder zu löschen. Wer diese unerwünschten Verhaltensweisen gar nicht erst etablieren möchte, sollte wirklich niemals auf eine solche Forderung eingehen.

Das klägliche Ergebnis der überschätzten menschlichen Intelligenz in diesem Bereich kann bei fast jedem „Katzenpersonal" beobachtet werden. Die Katze hat den häuslichen Alltag sehr gut im Griff und uns Menschen zu vielen katzenfreundlichen Handlungen angeleitet. Achten Sie mal darauf, wie viele Tricks Sie in den Augen Ihrer Katze beherrschen: Geben Sie ihr Futter, wenn sie kläglich miaut? Folgen Sie ihr, wenn sie Ihnen freundlich den Weg weist? Streicheln Sie sie, wenn sie um Ihre Beine streicht oder sich auf Ihrem Schoß hinkuschelt? Sehen Sie: Ihre Katze weiß genau, wie Sie ticken und was sie tun muss, um zu bekommen, was sie will.

Ganz Erstaunliches zeigen uns schlaue Stubentiger in einem sogenannten Diskriminierungsversuch. Die Versuchskatzen lernten, Gegenstände hinsichtlich ihrer Form, Farbe oder Position zu unterscheiden. Sie waren in der Lage, Kreise von Dreiecken zu unterscheiden, weiche und harte Gegenstände in Kategorien zu ordnen oder auch ein Symbol, das nicht in die Reihe passte, auszusortieren. Sie waren sogar imstande Figuren zu identifizieren, die sich in zwei Merkmalen gleichzeitig unterschieden. Besonders bemerkenswert ist das, was die Katzen nebenbei lernten: So schafften sie es selbst in dieser Versuchsanordnung, ihre eigenen Regeln einzubringen. Die Versuchskatzen lernten nämlich, dass die Forscher immer dann den Schwierigkeitsgrad der Übungen erhöhten, wenn die kätzischen Versuchspersonen 80 Prozent der Aufgaben richtig lösten. Statt nun die ihnen bestmöglichen Ergebnisse zu präsentieren, entschieden die ökonomischen Katzen fortan, dass ihnen eine 80-prozentige Trefferquote ausreichte, um möglichst bequem an ihre leckeren Belohnungen zu gelangen.

Katzen haben ihre Menschen gut im Griff: Wer kann ihrem Charme schon widerstehen?

Katzen in Zeit und Raum

Gerade lebhafte Katzen lieben das Apportieren. Leider kommen die wenigsten Menschen auf den Gedanken, dies mit einer Katze zu spielen. So lösen viele am Apportieren interessierte Katzen das Problem auf ihre eigene Art und Weise: Sie bringen das geworfene Papierkügelchen zum Menschen zurück, indem sie es lässig im Vorbeilaufen neben ihm fallen lassen, um dann in Lauerstellung auf den nächsten Wurf zu warten. Auch hier kann davon ausgegangen werden, dass die Katze diejenige ist, die den Menschen animiert zu werfen.

Gerade bei blinden Katzen ist diese Fähigkeit erstaunlich, wo sie doch das zu apportierende Spielzeug gar nicht sehen können. Aber ihr sehr feines Gehör und ihre sensiblen Tasthärchen versetzen sie in die Lage, auf diese Art zu spielen und sogar echte Beutetiere zu erlegen.

Um die Wahrnehmung und die Welt der Katze zu verstehen, muss man zunächst anerkennen, dass sie sich viel mehr als wir in einer dreidimensionalen Welt bewegen. Während wir zunächst auf dem Boden der Tatsachen bleiben und für uns das Klettern auf Bäume eher ungewöhnlich erscheint, setzt sich die Katzenwelt genau aus diesem dreidimensionalen Erleben des Raums zusammen. Katzen betrachten in einer Wohnung nicht nur den für das Laufen vorgesehenen Fußboden, sondern nehmen auch die zum Klettern geeigneten Bücherregale wahr oder ziehen das Hangeln an der Gardine in Erwägung. In ihrem Revier gehen sie also nicht, wie wir es vielleicht tun würden, auf direktem Weg am Boden von A nach B, sondern sind so schlau, von Versteck zu Versteck zu schleichen, unsichtbar von Ast zu Ast zu springen und dabei geschickt die Reviergrenzen anderer Katzen zu umgehen oder jedenfalls die Informationen zu nutzen, die deren Markierungen hinterlassen.

Bücherregale eignen sich prima als Spielplätze und erweitern den Erlebnishorizont in der Wohnung.

Es wird nicht bezweifelt, dass Katzen eine Art innere Landkarte ihrer Umgebung besitzen. Sie haben Orientierungspunkte in der Landschaft, wie etwa den schönen Apfelbaum im Garten, an dem sie immer kratzmarkieren, oder den Fliederbusch, hinter dem sie sich gern verstecken und von dort aus den Singvögeln auflauern.

In Tests ist herausgefunden worden, dass Katzen häufig Wege bevorzugen, deren Beginn in der Richtung liegt, in der sich auch ihr Ziel befindet. Auch wenn sie später verschlungene Umwege machen oder Kurven gehen, sie starten tendenziell immer mit dem Blick in Zielrichtung.

Die Selbstwahrnehmung der Katze und ihre innere Landkarte helfen ihr dabei, all die Plätze wiederzufinden, wenn sie sich diese relativ zu der eigenen Position vorstellen kann. Aus diesem Grund sollte man auch Katzenkörbchen, Kratzbäume oder Katzentoiletten, wenn man sie denn versetzen muss, möglichst nicht von jetzt auf gleich woanders hinstellen, sondern gerade bei empfindlichen oder älteren Katzen zentimeterweise verrücken, damit sie diese wichtigen Utensilien in ihrer inneren Landkarte neu verorten können.

Ein erstaunliches Beispiel dafür, wie Katzen zählen können und dazu sogar ein inneres Zeitverständnis entwickeln, bringt dieser Test zutage: Katzen bekamen im Rahmen des Versuchs nur dann eine Belohnung, wenn sie den Versuchsraum beispielsweise nach genau fünf Sekunden und nicht etwa nach 20 Sekunden verließen. Nach einer längeren Übungsreihe waren die Katzen fast fehlerfrei in der Lage,

Katzen haben eine Art innerer Landkarte von ihrer Umgebung, in der auch ihre verschlungenen Wege über Bäume und Mauern verzeichnet sind.

die Zeitspanne genau abzuschätzen und die vorgegebene Dauer quasi innerlich mitzuzählen.

Besonderes Durchhaltevermögen zeigten Katzen, die gelernt hatten, einen Knopf diverse Male zu drücken, bevor sie eine besondere Belohnung erhielten. Von zunächst 40 Knopfbetätigungen steigerte sich das Vermögen bei besonders hartnäckigen Exemplaren bis zu sagenhaften 2560 Betätigungen des Knopfes. Hier allerdings lernten die Katzen nicht wirklich zu zählen, sondern drückten eben so lange den Knopf, bis das Futter erschien. Aber ihre Konzentrationsfähigkeit ist wahrlich bemerkenswert. Diese unglaubliche Ausdauer liegt in der Natur der possierlichen Beutegreifer. Sie können nämlich stundenlang ein Mauseloch belauern und fokussieren dann ihre Aufmerksamkeit nur auf diese eine Aufgabe.

Multiple Intelligenzen

Haben Sie schon einmal eine Katze gesehen, die Türen öffnen kann? Vermutlich schon. Aber haben Sie sich auch gefragt, wie die Katze das wohl gelernt hat? Bei dieser ziemlich

Das Öffnen einer Tür ist eine Meisterleistung, nicht nur in Sachen Körperkoordination.

häufig vorkommenden Fähigkeit kann man unterschiedliche Intelligenzbereiche besonders gut erkennen. Eine Katze wird zunächst einmal einen Menschen oder eine andere Katze beim Öffnen der Tür beobachtet haben, um den Mechanismus zu durchschauen.

Katzen verstehen also in einem ersten Prozess des Beobachtungslernens, dass die Türklinke der Schlüssel zum verheißungsvollen Paradies dahinter ist. Hat die Katze sich nun entschlossen, ihr Glück selbst in die Pfote zu nehmen, wird sie durch Versuch und Irrtum die Feinheiten trainieren. Sie wird verstehen, dass sie auf die Klinke springen muss, und zwar genau auf die Stelle, die zum Herunterdrücken geeignet ist. Gleichzeitig muss sie sich so ausbalancieren, dass sie an der Klinke zieht, indem sie sich mit den Hinterbeinen am Türrahmen genau so stark abdrückt, dass die Tür aufschwingt. Hier können wir ihre fantastischen körperlichen Fähigkeiten und ihre motorische Intelligenz beobachten. Nach und nach wird der Bewegungsablauf automatisiert.

Ihre Intelligenz, Beharrlichkeit, Koordinations- und Konzentrationsfähigkeit haben der Katze die Möglichkeit verschafft, selbstständig eine ganz neue Welt zu betreten.

Katzen benutzen Werkzeuge?

Werkzeuggebrauch galt sehr lange Zeit als Kennzeichen der menschlichen Intelligenz. Es wurde behauptet, Tiere seien nicht dazu in der Lage. Inzwischen ist aber erwiesen, dass viele Tierarten Werkzeuge gebrauchen und dass diese Fähigkeit nicht nur bei unseren nächsten Verwandten, den Primaten, sondern im gesamten Tierreich zu beobachten ist. Natürlich bilden auch da unsere cleveren Katzen keine Ausnahme. In dem klassischen Spiegel-Selbsterkennungstest scheitern unsere Samtpfoten zwar kläglich und können ihr eigenes Spiegelbild nicht ihrer Person zuordnen. Trotzdem wissen sie sich die Möglichkeiten dieses optischen Werkzeugs zunutze zu machen. Sie sind nämlich tatsächlich in der Lage, den Spiegel so geschickt zu benutzen, dass sie damit heimlich ihre Mitbewohner beobachten können. Unauffällig liegen sie so mit Blick auf den Spiegel, um von dort aus, unmerklich für die anderen, die Aktivitäten in der Wohnung zu verfolgen.

Katzen lieben es, ihre Umgebung aus dem Verborgenen zu beobachten.

Auf dem *Silber*tablett

Wie man die Katzenintelligenz fördern kann

Ausschlaggebend für die Intelligenz und die kreativen Fähigkeiten ist nicht allein das, was die Natur und die Gene der Katze mitgegeben haben, sondern auch das, was wir Menschen im Alltag daraus machen. Eine Katze, die ausschließlich in einer Ein-Zimmer-Wohnung mit einer Person lebt, die tagsüber arbeitet und abends vielleicht zehn Minuten Zeit zum Kuscheln hat, wird ihr geistiges Potenzial weniger entfalten können als eine Freigängerin, die zusammen mit Artgenossen und einer menschlichen Großfamilie ein ganz anderes Unterhaltungsprogramm durch ihre Umwelt erfährt. Viele kleine Faktoren beeinflussen das Wohlbefinden und die mentale Ausgeglichenheit unserer Samtpfoten. Schon scheinbar unbedeutende Veränderungen können die Lebensqualität enorm steigern und die Kreativität unserer Schmuser fördern.

Schlaues Futter

Gutes Futter enthält sämtliche Nährstoffe, die die Katze für ein gesundes Leben benötigt. Nicht nur das allgemeine Wohlbefinden der Katze steigert sich mit hochwertigem Katzenfutter, sondern wir füttern damit quasi auch ihr Gehirn.

Das Gehirn der Katze ist ein wahrer Hochleistungsrechner, der enorm viel Energie benötigt. Die Energie kann dort allerdings nicht gespeichert werden, wie es in Muskeln oder Fettgewebe möglich ist, sondern muss durch das Futter ständig zugeführt werden. Nur so können das Katzengedächtnis gestärkt, die Lernmotivation gesteigert und Konzentrationsfähigkeit und Stressresistenz erhalten werden.

Das Gehirn braucht für den Hirnstoffwechsel den kurzfristigen Energielieferanten Glukose, aber vor allem tierisches Eiweiß für die Bildung der vielen wichtigen Botenstoffe sowie hochwertige Fette für die Zellmembranen. Katzen sind von ihrer Lebensweise her fast reine Fleischfresser. Sie benötigen beinahe ausschließlich Nahrung tierischer Herkunft, ergänzt um einen geringen Anteil pflanzlicher Kost, wie er eben auch über den Magen- und Darminhalt der kleinen Beutetiere aufgenommen wird.

Beim Menschen stammt das „Futter“ des Gehirns, die Glukose, hauptsächlich direkt aus dem pflanzlichen Anteil der Nahrung, etwa dem kohlenhydratreichen Getreide oder dem aufgenommenen Zucker. Die Katze würde bei einer derartigen Nahrungsaufnahme fehlernährt werden, denn sie bildet die Glu-

kose für ihr Gehirn selbst in der Leber und den Nieren und hält den Blutzuckerspiegel auf diese Weise konstant.

Katzen haben als Raubtiere einen hohen Fleischbedarf.

Der tatsächliche Fleischgehalt vieler als Katzenfutter erhältlicher Futtermittel ist im Vergleich zu ihrem Fleischbedarf von etwa 98 Prozent der aufgenommenen Futtermenge erschreckend gering und liegt zum Teil sogar bei nur 4 Prozent. Der Rest sind billigere Getreidereste, Zuckerzusätze und Wasser. Versuchen Sie einmal, aus den Angaben auf der Futterdose den wahren Fleischgehalt herauszufinden; die Hersteller machen es uns Kunden hier sehr schwer und verschleiern, dass wir unsere Lieblinge fast wie reine Vegetarier ernähren. Besonders der hohe Zuckeranteil in vielen Futtermitteln schädigt langfristig die Zähne und führt zu Übergewicht. Diese Art der Katzenernährung ist extrem ungesund und fördert Allergien, Nieren- und Verdauungsprobleme sowie Gewichtsschwankungen und kann zu einer Veränderung im Verhalten führen. Gerade bei zu geringer Aufnahme von tierischem Eiweiß entwickeln Katzen oft Aggressionen gegen Artgenossen, gegen sich selbst oder gegen den Menschen.

Sicher kann die Fütterung die Intelligenz der Katze nicht direkt steigern, sie hilft jedoch, das Potenzial der jeweiligen Katze auszuschöpfen und hält die Katze fit und gesund.

Gut geschlafen - schlau aufgewacht

Das kann kein Lebewesen so gut wie die Katze: Nach einem ausgiebigen Schläfchen auf der Fensterbank streckt sie sich, schlendert ein paar Schritte zum Sofa und erholt sich von dieser Anstrengung dann mit einem Nicker-

Hochwertiges Futter hilft der Katze, ihr geistiges Potenzial auszuschöpfen.

So selig schlummern können nur Katzen!

chen auf der Kuscheldecke. Katzen brauchen den Schlaf, um sich von ihren anstrengenden Jagden, ob nun auf Wollmäuse oder echte Nager, zu erholen. Aber nicht nur die körperliche Erholung im Schlaf ist lebenswichtig für die Katze, sondern sie wird im Schlaf auch quasi schlauer. Das liegt daran, dass ein Teil des Lernprozesses bei der Katze ebenso wie beim Menschen im Schlaf abläuft. Im Schlaf verarbeitet das Katzengehirn ihre Erlebnisse und Gefühle, speichert Zusammenhänge ab und zieht Schlussfolgerungen. In diesem Prozess werden Erfahrungen aus dem Kurzzeitgedächtnis in das Langzeitgedächtnis abgespeichert. Das Lernergebnis wird dadurch viel stabiler und für lange Zeit durch die Katze wieder abrufbar.

Gut schlafen können Katzen nur, wenn sie sich wohl und sicher fühlen. Manche Katzen können überall ausgestreckt liegen und schlummern. Andere, eher etwas scheuere Vertreter brauchen gemütliche, sichtgeschützte und auch erhöhte Verstecke für einen erholsamen Schlaf. Katzen lieben weiche Bettchen, höhlenartige Körbchen und kuschelige Materialien. Während sie es im Winter gern warm haben, kann es sein, dass sie im Sommer eher ein luftigeres Plätzchen suchen. Wer seiner Katze also die benötigten erholsamen Schlafstunden schenkt, der wird mit einer im wahrsten Sinne des Wortes ausgeschlafenen Katze belohnt.

Adel verpflichtet?

In vielen Beschreibungen über Katzenrassen findet man Hinweise auf eine hohe Intelligenz der einen oder anderen Rasse. Doch was ist da dran? Ist nicht jede Katze auf ihre eigene Art intelligent? Zunächst einmal ist es so, dass sich das Katzengehirn von der Wildform

Die Siam ist sehr lebhaft und schneidet daher bei Intelligenztests oft überdurchschnittlich gut ab.

zur Hauskatzenform zurückentwickelt hat. Es ist im Laufe der Haustierwerdung etwas kleiner geworden. Das Gehirn einer Wildkatze wird vermutlich in der gefährlichen Wildnis stärker beansprucht. Das gilt insbesondere für diejenigen Hirnareale, die mit ihren hoch entwickelten Sinnesorganen assoziiert waren, und diejenigen, die sie zu starker Vorsicht antrieben. Hauskatzen entwickelten sich im Schutz des Menschen und sind weit weniger scheu und vorsichtig als echte Wildkatzen.

Der Mensch hat auf Grundlage ganz unterschiedlicher Zielvorstellungen über die letzten Jahrhunderte hinweg verschiedene Katzenrassen gezüchtet. Häufig verbunden mit dem Wunsch, ein optisch außergewöhnliches Tier zu besitzen, wurden Katzen verpaart, die den ästhetischen Ansprüchen der Zeit besonders entsprachen. Dabei wurden wissentlich oder unwissentlich auch unterschiedliche Wesensmerkmale mitgezüchtet. So ist etwa eine typische Perserkatze wesentlich ruhiger im Wesen als eine rassige Siamkatze.

Die Britisch Kurzhaar hat typischerweise ein ruhiges Wesen. Sie ist deshalb aber nicht weniger clever.

Es gibt einige Studien, in denen die Intelligenz unterschiedlicher Rassen verglichen wurde. An der Spitze der Intelligenzbestien standen demnach Rassen, die noch mehr dem Wildtypus ähnelten, wie etwa die Bengalkatze oder Occicats. Rassen wie Siam oder Orientalisch Kurzhaar rangierten vor mittelmäßig lebhaften Vertretern wie Maine Coon, Norwegischen Waldkatzen oder ganz schlichten Hauskatzen, die wiederum Plätze vor den eher ruhigen Rassen wie Britisch Kurzhaar oder Perserkatzen belegten. Leider weisen all diese Intelligenztests die Schwierigkeit auf, dass sie lebhafte Katzentypen bevorzugten. Zudem kommen viele Katzen mit Laborsituationen nicht zurecht, eher schüchterne Vertreter ziehen sich zurück und zeigen in Tests nicht ihr wahres Potenzial. Auch werden unterschiedliche Intelligenzbereiche zu wenig berücksichtigt.

Sicher können manche Katzen sehr schnell Lösungen finden, aber eventuell sind andere Meister darin, sich zu konzentrieren und konstant an einer Aufgabenstellung zu bleiben. Alles in allem sind solche Rassenvergleiche mit Vorsicht zu genießen. Es gibt in jeder Rasse auffällig clevere Tiere und durchschnittlich begabte Schüler. Jede Katze ist ein Individuum mit ihrer ganz eigenen Art der Intelligenz, die sich wie bei uns Menschen nicht auf einen Zahlenwert reduzieren lässt.

Flinke Beutegreifer

Katzen sind die geborenen Jäger, ihr gesamter Lebensstil ist auf diese Aufgabe ausgerichtet. Sie sind sehr athletisch, schnell und geschickt, konzentrieren sich vollkommen auf ihre Beute und haben dabei eine schier endlose Geduld. In der Natur würde die Katze etwa zehn Mäuse pro Tag fressen. Schon allein an dieser Tatsache lässt sich ablesen, dass ein Tag in einem Katzenleben vom Jagderfolg bestimmt wird.

Eine Katze verbringt viel Zeit damit, lautlos im Gebüsch herumzustreichen, sie verharrt stundenlang vor einem Mauseloch oder hält sich in der Nähe von Vogelnistplätzen auf – immer in der Hoffnung auf eine schnelle Beute. Während manche Katzen alles jagen und fressen, was sie so auf ihren Streifzügen finden können, sind andere echte Spezialisten und jagen ausschließlich ein einziges Beutetier.

Nicht jede Katze ist wasserscheu. Viele Bengalkatzen zum Beispiel lieben Wasser.

Das Beutespektrum der Katze reicht von Mäusen und kleinen Vögeln über andere Kleinsäuger wie junge Kaninchen oder Eichhörnchen sowie kleine Reptilien wie Schlangen und Eidechsen bis hin zu Fischen und Insekten. Nicht jede Katze macht sich gern die Pfötchen nass, andere lieben das kühle Element und erbeuten geschickt Fische aus Nachbars Gartenteich. Kater jagen anders als Kätzinnen. Interessanterweise lässt sich ihre Bereitschaft zur Tötung auch am Gehirn „ablesen“. Dazu haben Forscher Kater, die sich auf die wehrhaften Ratten spezialisiert haben, mit Kätzinnen verglichen, die eher kleine Mäuse und Vogelkinder mit nach Hause brachten. Ihr Hirnstoffwechsel unterschied sich voneinander, sodass man die furchtlosen Jäger, die auf Gegenwehr eingerichtet sind, von den anderen, die eine eher geringe Angriffstendenz aufweisen und bei Gegenwehr ihrer Beute zurückweichen, abgrenzen konnte.

Schon die Bewegung während der Jagd fördert die Intelligenz der Katze. Bewegung macht schlau, indem sie die Leistungsfähigkeit des Gehirns vergrößert. Bewegt sich eine Katze regelmäßig und ausgiebig, so wachsen ihre Muskeln, ihr Blut zirkuliert kräftig und mehr Sauerstoff und der so wichtige Energielieferant Glukose werden ins Gehirn gespült. Daneben wird die Leistungsfähigkeit des Katzengehirns auch durch die Eiweißverbindung BDNF (Brain-derived neutrophic factor) gefördert, den sogenannten Wachstumsfaktor, der aufgrund der Bewegung in den Muskeln und im Gehirn gebildet wird. Durch den BDNF werden mehr neue Nervenzellen im Katzengehirn gebildet und diese vernetzen sich untereinander zu einem dichten Geflecht. Je intensiver also die Bewegungsanreize und je vielfältiger die Art der Bewegungen, desto

Nicht jeder liebt die mitgebrachten Geschenke der Katze – auch wenn sie von Herzen kommen.

besser funktioniert und entwickelt sich das schlaue Katzenköpfchen. Insbesondere für reine Wohnungskatzen bedeutet das: Wenn wir viel und möglichst kreativ mit unserem Liebling spielen und durch eine entsprechende Gestaltung der Wohnung Bewegungsanreize verschaffen, tun wir direkt etwas für die kognitiven Fähigkeiten unserer Katze und erhalten ihre geistige Fitness bis ins hohe Alter.

Besonders fürsorgliche Katzen denken bei der Jagd an ihre zweibeinigen Liebsten zu Hause und bringen ihnen einige Leckerbissen oder gar ein ganzes, noch lebendiges Beutetier zum Üben mit. Genau wissen Forscher noch nicht, warum die Katze uns ihre Geschenke mitbringt, ob sie uns etwa für ein hilfloses Wesen hält, das versorgt werden muss, ob es sich um ein umgeleitetes Verhalten handelt, bei dem der zweibeinige „Nachwuchs" auf ein erwachsenes Katzenleben vorbereitet werden soll, ob sie einfach stolz ihren Erfolg präsentieren will oder aber sich für die gute Versorgung durch uns revanchieren möchte.

Was auch immer ihre verborgenen Beweggründe sein mögen: Interessant ist, dass die Katze damit ein hohes Maß an sozialer Intelligenz zeigt. Das Mitbringen der Beute ist ein planvolles Handeln. Die Beute wird nicht an Ort und Stelle vertilgt, sondern zunächst mühsam nach Hause geschleppt. Damit nicht genug. Häufig wird auch die Aufmerksamkeit des Menschen gezielt auf das wertvolle Mitbringsel gelenkt. Katzen suchen in diesem Zusammenhang gezielt den Austausch mit dem Menschen, und auch wenn kein Zweibeiner von diesen kleinen Überraschungen begeistert ist, sollten wir uns doch über die liebevolle Absicht unserer kleinen Raubtiere ehrlich freuen.

*Katzen*logik zum Anfassen

Der denkenden Katze über die Schulter geschaut

Jeder Tag ist ein guter Tag, um sich einmal ein bisschen mit der Intelligenz im Alltag der Katze zu beschäftigen. Man kann nämlich viele verschiedene clevere Verhaltensweisen beobachten, wenn man sich die Mühe macht, etwas genauer hinzuschauen. Katzen haben sehr vielfältige kognitive Fähigkeiten, die sich individuell unterschiedlich stark ausgeprägt zeigen. Vielleicht ist die eine Samtpfote besonders kreativ im Spiel, eine andere eher geschickt im Entdecken ihrer Umgebung sowie ungewöhnlicher Versteckmöglichkeiten und eine dritte zeigt ihre Begabung im sozialen Miteinander mit ihren treu ergebenen Zweibeinern. Auch wenn sich unsere schnurrenden Gesellen manchmal geheimnisvoll und verschlossen wie eine Sphinx geben, so können wir doch sehr viel über ihre Katzenlogik erfahren, wenn wir versuchen, uns in ihre schlauen Köpfchen hineinzuversetzen.

Katzen lieben es, Verstecke zu erkunden.

Das Katzennirwana

Viele Katzen haben ein sehr gutes Gedächtnis, wohin ihre Spielzeuge verschwunden sind, wenn sie zum Beispiel außer Pfotenreichweite unter einen Schrank gerutscht sind. Das Phänomen der Katzenintelligenz, das hierbei eine entscheidende Rolle spielt, ist die sogenannte Objektpermanenz. Diese Fähigkeit erlaubt es der Katze zu wissen, dass ein Gegenstand, der aus ihrem Blickfeld verschwindet, nicht einfach weg sein kann, sondern weiterhin existiert, nur eben im Moment nicht sichtbar ist. Das müssen selbst menschliche Kleinkinder erst mühsam in ihren ersten beiden Lebensjahren erlernen.

Katzen verstehen nicht nur, dass Gegenstände nicht ins Nirwana verschwinden, sie probieren auch, ihnen auf Umwegen zu folgen. So versuchen sie etwa, sich von der an-

deren Schrankseite wieder Zugang zum Spielzeug zu verschaffen oder fordern ihren Menschen eindeutig auf, den Schrank von der Wand abzurücken. Sie haben dabei auch ein präzises räumliches Vorstellungsvermögen und können Entfernungen sehr gut einschätzen. Sie wissen, ob es sich lohnt, nach einem Spielzeug zu angeln, oder ob sie es lieber von der anderen Seite aus versuchen. Auch belauern sie die unerreichbaren Spielzeuge immer mal wieder, da diese ja auch plötzlich wieder lebendig werden könnten und dann ungestraft durch ihr Revier huschen würden.

Umgekehrt verstehen Katzen auch, dass sie selbst in einem Versteck für einen anderen quasi unsichtbar sind. Kleine Kinder glauben ja zunächst, sie wären versteckt, wenn sie sich die Augen zuhalten. Katzen haben diesen Entwicklungsschritt schnell übersprungen. Sie sind in der Lage, sich komplett hinter ein Sofakissen gepresst zu verbergen oder unter einer Tagesdecke zu verstecken. Einzig ihr vorwitziger Schwanz macht ihnen manchmal einen Strich durch die Rechnung: So gut sie sich der Ausmaße ihres Körpers bewusst sind – den Schwanz vergessen viele Katzen beim Verstecken und so lugt er häufig verräterisch unter der Decke hervor, obwohl sich die Katze ansonsten perfekt darunter tarnt.

Aus Katzenperspektive gesehen

Wer kennt sie nicht, die Katzen, die sofort auf den Tisch springen und sich etwas Schinken vom Tisch stibitzen, sobald der Mensch nur kurz das Zimmer verlässt? Eigentlich wissen sie ganz genau, dass wir ihnen die Selbstbedienung nicht gestatten. Kann es aber sein, dass unsere Katzen wissen, wann wir sie sehen

Katzen sind Meister der Tarnung und wissen, wie sie sich besonders gut verstecken.

und wann nicht? Dass sie sich also ein Stück weit in unsere Lage hineinversetzen können? Das wäre eine fantastische Leistung, denn die Erkenntnis, dass ein anderes Lebewesen eine andere Perspektive und Wahrnehmung hat als man selbst, ist auch dem Menschen nicht angeboren, sondern wird erst im Laufe der ersten Lebensjahre entwickelt. Dazu müsste die Katze eine Vorstellung davon haben, was genau der Mensch sieht, wohin er schaut und ob er sie im Blick hat. Sie müsste etwa wissen, dass ein Mensch in einem anderen Raum sie nicht sehen und damit nicht wissen kann, was am gedeckten Tisch vor sich geht. Viele Katzen beherrschen diese Fähigkeit offenbar, sie beobachten den Menschen und ergreifen Gelegenheiten, just in dem Moment Leckerbissen zu ergattern, wenn ihr Mensch gerade das Zimmer verlässt oder die Zeitung liest.

Umgekehrt wissen sie auch sehr genau, wie sie sich in Szene zu setzen haben, damit ihr Zweibeiner sie auch ja nicht übersehen kann. So manche Katze, die sich zu wenig beachtet fühlt, wird sich auf der Computertastatur ihres schwer arbeitenden Menschen räkeln oder sich frech auf sein Buch setzen, was dann so viel heißt wie: „Hallo, du darfst jetzt deine wertvolle Zeit mit mir verbringen." Viele Katzen vergewissern sich auch immer wieder mit einem Blick in die Augen ihres Menschen, dass dieser sie auch wirklich verstanden hat, wenn sie ihn angestiftet haben, eine kleine Dienstleistung für sie zu verrichten.

Manche Katzen beweisen diese Fähigkeit im Spiel auf ganz erstaunliche Art und Weise. Sie wissen, dass ein gemeinsames Spielvergnügen nur dann funktionieren kann, wenn sie ihren Menschen dazu animieren, ein Papierkügelchen wieder und wieder wegzuschnippen. Verschwindet das Spielzeug aus dem Sichtfeld des zweibeinigen Spielpartners, etwa unter dem Sofa, und der Mensch findet es nicht sofort, holen viele Katzen den Gegenstand hervor und bringen ihn zurück. Sie wissen: Wenn ihr Mensch das Spielzeug nicht mehr sieht, ist das Spiel bestimmt gleich beendet. Also wird das Papierkügelchen flugs hervorgeangelt und zum bequemen Zweibeiner gebracht, denn wann ein amüsantes Spiel endet, entscheidet ja wohl noch immer der vierbeinige Chef des Hauses.

Spiel mal anders

Besonders aufgeweckte und agile Katzen entwickeln immer wieder neue Spielvariationen, wenn wir Menschen uns denn bereitwillig auf ihre Spielregeln einlassen. Achten Sie mal darauf: Häufig spielen Katzen nicht einfach

Die schlaue Katze weiß, wann die Gelegenheit für einen kleinen Diebstahl günstig ist.

Katzen können zählen

Eine weitere unterschätzte kognitive Fähigkeit der Katze ist ihr Zahlenverständnis. Lange Zeit ist man davon ausgegangen, dass Katzen keine Vorstellung von Mengen haben. Nun begannen Forscher aber die Katzen zu schulen, immer zu einem Schälchen zu gehen, wenn sie eine bestimmte Anzahl von Tönen gehört hatten. Diese Schälchen waren mit einem Deckel versehen, auf dem die Anzahl der gehörten Töne wie auf einem Spielwürfel abgebildet waren. Wenn also die Katze einen zweifachen Klingelton hörte, sollte sie zu dem mit einer Zwei markierten Schälchen oder bei vier Tönen zu dem Näpfchen mit den vier Punkten laufen.

Tatsächlich konnten die Katzen, wenn sie einmal das Prinzip verstanden hatten, auch noch nicht gehörte Zahlen auf Anhieb dem richtigen Deckel zuordnen. Sie hatten also eine innere Vorstellung und zählten die Anzahl der Töne mit, bevor sie das Gehörte auf die Würfelaugen bezogen. Um dieses erstaunliche Ergebnis abzusichern, wurden die Punkte sogar immer wieder verschieden angeordnet, sodass ausgeschlossen war, dass sich die Katze einfach das Muster merkte, sondern wirklich die Anzahl der Punkte bei jedem Versuch neu abzählen musste. Auch wurden die Töne in ihrer Tonhöhe oder Geschwindigkeit variiert, bis kein Zweifel mehr blieb.

Wer hätte das gedacht: Unsere verschmusten Schlauköpfe können tatsächlich zählen und fühlen sich sogar in der Welt der abstrakten Zahlen richtig wohl.

Räuber und Beute mit einer Stoffmaus an der Angel, sondern sie beziehen andere Gegenstände als Steigerung des Schwierigkeitsgrades mit ein. So begeben sie sich etwa hinter ein Stuhlbein oder auf den Stuhl hinter die Lehne, um die Maus immer nur mit einer bestimmten Pfote zu angeln, ohne komplett über den Stuhl hinauszuschießen. Sie trainieren damit den Angriff aus schwieriger Ausgangslage oder im dichten Buschwerk.

Manche Katzen bringen ihre ergaunerte Beute, etwa ein Papierkügelchen, wie eine echte Beute mit, um in einem anderen Umfeld weiterzuspielen. So kann man Katzen beobachten, die ihre Spielzeugmaus in eine Sandale ihrer Zweibeiner fallen lassen, um dort munter ihre Krallenfertigkeit zu testen. Wenn wir als Menschen nicht nur staunende Beobachter sein wollen, können wir uns auf die jeweils erdachten Spielregeln der Katze einlassen. Das heißt dann, die Angel nur derart zu schwenken, dass die Katze sie gerade so mit der Pfote erreichen kann, ohne ihren Platz im Hinterhalt zu verlassen, oder das Papierkügelchen in einem Schuh hin- und herzuschnippen.

Schon eine Wolldecke, unter der ein Spielzeug verschwindet, erhöht den Reiz im Spiel.

Die Tapete oder ich!

Katzen sind besonders sensibel, wenn es darum geht einzuschätzen, wann ihnen die ungeteilte Aufmerksamkeit ihrer menschlichen Bewunderer gewiss ist. Sie nutzen die Zuwendung und die Reaktion ihrer Menschen dazu, ihre eigenen Pläne zu verwirklichen.

Ein häufig zu beobachtendes Szenario ist folgendes: Wenn der geplagte Katzenbesitzer seine Katze nicht augenblicklich nach dem ersten Miauen an der Tür hinauslässt, leitet diese Stufe zwei ihrer Taktik ein: Sie kratzt genüsslich an der Wand neben der Tür und reißt dabei schmale Fetzen der edlen Tapete von der Wand. Spätestens jetzt wird der Besitzer aufspringen, um die Katze von diesem Akt der Zerstörung abzuhalten. Das erste Ziel der Katze – die ungeteilte Aufmerksamkeit – ist so schnell hergestellt. Funktioniert der Mensch immer noch nicht wie gewünscht, wird der Vorgang gegebenenfalls wiederholt. Erstaunlich viele Menschen sind hervorragend von ihrer Katze erzogen worden und tun alles, um bloß nicht von ihr bestraft zu werden. Erfahrene Katzen in Sachen Menschenerziehung haben ihren zweibeinigen Schüler genau im Blick und manipulieren ihn geschickt mit ihrer charmanten Cleverness.

Vielen Katzen reicht bei einer solchen Aktion das einmalige Erfolgserlebnis, um bei uns solche Verhaltensketten zu etablieren. In Zukunft werden sie noch vehementer versuchen, ihr Ziel zu erreichen, und alles nutzen, was in Reichweite ihrer Krallen ist, wie zum Beispiel die Holztreppe oder der antike Lehnstuhl. Ganz gewitzte Katzen suchen sich stets besonders wertvolle Möbel in der Wohnung aus, ist ihnen doch sofortige Aufmerksamkeit gewiss, wenn sie ihre Krallen genau an dem persischen Wandteppich von Urgroßmutter ausfahren. Da hilft es nur, rechtzeitig angemessene Alternativen wie Kratzbäume und krallenfreundliche Materialien in der gesamten Wohnung zur Verfügung zu stellen oder die Kratzattacken mit einem stahlharten Nervenkostüm zu ignorieren.

Katzenklo mal anders.

Stille Örtchen

Es gibt erstaunlich viele Katzen, die nicht nur das ihnen zugedachte Katzenklo aufsuchen, sondern auch die Toilette der Menschen für ihre Geschäfte verwenden. Eine solche Katze demonstriert eindrucksvoll ihre Fähigkeit zum Lernen durch Nachahmung. Sicher wird sie ihren Menschen schon häufig dabei beobachtet haben, dass er diesen Ort aufsucht, um seine Notdurft zu verrichten. Diese Phase der Beobachtung verläuft bei vielen Katzen still und heimlich. Sie erkunden ganz genau, in welcher Position der Mensch die Toilette nutzt und was der Zweck der ganzen Geschichte ist.

Über kurz oder lang werden einige dieser neugierigen Beobachter die Toilette von einem Tag auf den nächsten nutzen, als hätten sie nie etwas anderes getan. Sie hocken balancierend

Die süßesten Stimmen der Welt.

auf dem Rand und erledigen konzentriert ihr Geschäft. Viele Katzen scharren danach, wie sie es von ihrer Katzentoilette kennen, in der Toilettenschüssel herum. Diese gesamte Verhaltenskette kann auf den menschlichen Betrachter reichlich befremdlich wirken, zeigt jedoch, wie stark sich die Samtpfoten an ihren Menschen orientieren und ihnen nacheifern. Es gibt sogar Katzen, die von einem Hunderüden gelernt haben, stets das Beinchen zu heben.

Manipulation mit Miau

So kennen und lieben wir unsere schnurrigen Kratzbürsten: Sie lassen sich zu nichts zwingen. Andererseits setzen sie mal mehr, mal weniger charmant, aber stets kompromisslos ihren Willen durch. Diese leidvolle Erfahrung machen viele Katzenbesitzer, die allmorgendlich um 4.30 Uhr aufstehen, um ihre gerade verhungernde Katze zu retten und mit einem leckeren Frühstück zu verwöhnen. Viele menschliche Dosenöffner fragen sich dabei: „Warum mache ich das eigentlich?“ Genau dieser Frage sind britische und amerikanische Forscher nachgegangen.

Sie fanden heraus, dass Katzen wahre Meister der Manipulation und Kommunikation sind und unsere menschlichen Befindlichkeiten vielleicht besser kennen als wir selbst. Sie setzen uns gegenüber ganz gezielt Laute und Signale ein, derer wir Menschen uns nur schwer erwehren können. Tatsächlich verwenden unsere schlauen Mitbewohner uns gegenüber Laute, die sie als erwachsene Katzen in der Natur anderen Katzen gegenüber nicht einsetzen würden. Ein herzerweichendes langgezogenes, hohes Miau, das sich schon fast wie ein schmerzverzerrtes „Au“ in unseren Ohren anhört, wird eingesetzt, um unsere Aufmerksamkeit zu erregen.

Tatsächlich wurde der typische Bettel- und Klagelaut der Samtpfoten von den Forschern auf Tonband aufgenommen und anschließend Menschen vorgespielt, die weder die betreffende Katze kannten noch sich überhaupt besonders für Katzen interessieren. Die allermeisten Testpersonen gaben bei der Befragung ihrer Empfindungen an, dass sie das Miauen aufrüttelte, es sie bis ins Mark treffe und sie es als dringenden Hilferuf empfanden, der zu sofortigem Handeln aufrufe. Tatsächlich bewegt sich der Miau-Laut einer jammernden Katze in demselben Frequenzbereich wie der eines hungrigen Menschenbabys, nämlich bei 300 bis 600 Hertz. Die Natur hat es auch für uns Menschen so eingerichtet, dass wir bei solchen Lauten besonders aufmerksam sind und sofort intuitiv helfen wollen. Die schlauen Katzen nutzen diese Tatsache geschickt für sich. Vielleicht ist dies auch ein Grund dafür, warum sich so viele Frauen zu Katzen hingezogen fühlen: Die menschliche Biologie hat ihnen die Katze quasi in die Wiege gelegt.

Allein die Tatsache, dass Katzen diese Laute zielgerichtet einsetzen, um ihre Wünsche mitzuteilen, ist ein Zeichen für ihre Intelligenz. So richtig clever wird es, wenn man sich die weiteren Forschungsergebnisse zu diesem Thema ansieht. So machen Katzen tatsächlich einen Unterschied, unter welchen Umständen sie besonders erschütternd maunzen. Vor allem tun sie es nämlich dann, wenn sie in einem übersichtlichen Haushalt mit nur wenigen Personen leben. Immer dann, wenn sie glauben, der Mittelpunkt der Welt ihrer Menschen zu sein, dann übertreiben sie ihre Jammerarie auch noch dramatisch – und haben damit Erfolg. Die begabten Schauspieler finden immer den wunden Punkt bei ihren Zweibeinern und wissen dann genau, welchen Ton sie anschlagen müssen.

Miezis Sprachkenntnisse

Jeder, der eine Freigängerkatze sein eigen nennt, kennt das: Hoffnungsvoll ruft man die Katze beim Namen, doch sie bleibt verschwunden. Warum hören Katzen manchmal auf ihren Namen und manchmal nicht? Kennen sie ihren Namen eigentlich? Ganz sicher sind Katzen in der Lage, ihren Namen zu lernen, sie haben nämlich von der Natur ein beeindruckendes sprachliches Talent in die Wiege gelegt bekommen. Die Katzensprache selbst ist sehr differenziert und reich an phonetischen Ausgestaltungen, daher ist das Erlernen und Wiedererkennen ihres Namens eine von Miezis leichtesten Übungen.

Doch ihre Cleverness zeigt sich in einer weiteren Facette: Sie hat ein ganz feines Gehör und Gespür für etwaige emotionale Schwingungen in der Stimme des Menschen. Sie ist eine wahre Meisterin darin zu erkennen, ob ihr Mensch gut gelaunt ist oder ob er leicht genervt oder sogar ärgerlich zu sein scheint und es daher besser ist, in Deckung zu bleiben. Diese speziellen Sprachtalente bleiben dann lieber gemütlich im Schutz der Hecke sitzen und warten ab, bis sich ihr Zweibeiner wieder beruhigt hat oder ein paar Leckerlis zum Locken hervorholt.

Katzen hören also bei Bedarf auf ihren Namen – besonders dann, wenn es sich für sie lohnt. Bei der Wahl eines gut geeigneten Katzennamens bietet sich ein Name an, den man leicht liebevoll rufen kann. Naturgemäß ist es recht unpraktisch – und zudem noch für die Katze schwer zu merken –, wenn ein pompöser Name wie Charlotta Gräfin von Grafenberg ausgewählt wird. Kurze und prägnante Namen, die nicht leicht mit anderen Wörtern des Alltags verwechselt werden können, eignen sich also am besten. Aber insbesondere in der Welt der Katzen gilt: Namen sind Schall und Rauch. Unsere selbstbewussten Kätzchen folgen nämlich nur ihrem eigenen kleinen Kopf und verstehen immer mehr von unserer Sprache, als sie sich anmerken lassen würden.

Clevere Katzen

Katzenschlau mit Spiel und Spaß

Das ganze Leben ist eine Spielwiese. Alles, was unsere kuscheligen Kobolde über das Leben wissen müssen, erfahren sie im ausgelassenen Spiel. Hier üben sie das Jagdverhalten, sind mal Jäger, mal Beute und schulen ihre Sozialkompetenz in der Interaktion mit ihren Geschwistern und ihren Menschen. Das Spiel ist die effektivste Lernform, denn hier wird einfach ausprobiert, Fehlschläge frustrieren nicht, sondern sind im Gegenteil der nötige Ansporn für einen weiteren Versuch. Und es fehlt die verbissene Ernsthaftigkeit, auch wenn sich unsere Musterschüler manchmal ein wenig hinreißen lassen und dann die reine Mordlust aus ihren süßen Katzenäuglein hervorlugt.

Clevere Spiele für gewitzte Katzen

Tatsächlich entwickeln sich viele kognitive Fähigkeiten der Katze und auch ihre motorische Beweglichkeit im Kittenalter im Spiel mit sich selbst, mit ihren Geschwistern und erwachsenen Katzen und natürlich auch mit uns Menschen. Sogar betagte Senioren profitieren noch vom gemeinsamen Spiel. Das Gehirn der Katze entwickelt sich ein Leben lang weiter, es bilden sich neue Vernetzungen und die Gedächtnisleistung wird erhalten. So ist es in jedem Alter sinnvoll, häufig und abwechslungsreich mit der Katze zu spielen, um möglichst viele Sinne anzuregen.

Je nach Spielart legen die Spieler Elemente und Handlungsabläufe fest, die den Rahmen für das Spiel vorgeben. Auch für Katzen ist es anscheinend entscheidend, bestimmte Spielregeln aufzustellen. Sie lernen schon als Jungtiere aus der Reaktion der anderen Katzenkinder, dass etwa zu heftiges Kratzen oder Beißen zum Abbruch des Spiels und damit zum Ende des Vergnügens führt. Diese Fähigkeit zum gemeinsamen, sozialen Spiel können wir Menschen uns zunutze machen, indem wir, wenn wir einmal versehentlich gekratzt worden sind, theatralisch unser Leid klagen und uns zurückziehen, also das Spiel beenden. Katzen werden ihre eigenen Handlungen nun besser kontrollieren, um gemeinsam weiter in den Genuss des Spiels zu kommen.

Immer im Hinterkopf behalten sollte man das Element der Freiwilligkeit. Ein Spiel ist nur dann ein Spiel, wenn es von beiden Seiten aus freien Stücken aufgenommen wird und nicht zielgerichtet ist. Beide Seiten befinden sich in einer positiven Grundstimmung und sind auch bereit, die Rollen zu wechseln. So sollte man akzeptieren, wenn die Katze der angebotenen Fellmaus nur einen müden Blick zuwirft und sich weiter einem Schläfchen widmet. Vielleicht ist sie gerade nicht in der Stimmung zu spielen. Auch hier gibt es von Katze zu Katze große Unterschiede, zu welchen Tageszeiten und unter welchen Bedingungen besonders gern gespielt wird. Viele

Katzen sind dämmerungsaktiv und lieben ein schnelles Spiel im Morgengrauen – worauf viele menschliche Langschläfer dankend verzichten können.

Das Katzenspiel hat verschiedene Merkmale: Die Katzen treten im Spiel in einen imaginären Wettkampf, sie messen spielerisch ihre Kräfte, um sich selbst und die eigene Position sowie die eigenen Fähigkeiten abschätzen zu lernen. Katzen lieben das Zufallselement im Spiel, sie schätzen es, wenn etwas Unvorhergesehenes geschieht und etwa ein Spielzeug an unerwarteter Stelle unter der Tischdecke hervortritt. Dabei spielen die Katzen selbst auch eine Rolle, sie sind entweder Jäger oder Gejagte, schüchtern oder draufgängerisch. Beim Katzenspiel geht es oft um das Element des Versteckens und Auflauerns, um das Sehen, ohne gesehen zu werden, und den damit verbundenen Nervenkitzel, sowie um den Reiz, entdeckt zu werden. Tatsächlich verfallen viele Katzen im Spiel in einen regelrechten Rausch, sie blenden die alltägliche Erlebniswelt aus und geben sich ganz dem Spiel und seinen Regeln hin.

Jede Katze hat ihr individuelles Spielverhalten.

Spielen ist ein kreativer Prozess. Als solcher regt er unterschiedliche Hirnregionen an und fördert damit die kognitiven Fähigkeiten der Katze. Wir Katzenfreunde können die Intelligenz unserer Stubentiger besonders fördern, wenn wir mit ihr gemeinsam Spielvariationen erfinden, schon bekannte Spielmuster abwandeln und im Spiel möglichst viele verschiedene Überraschungsmomente erzeugen.

Viele Katzenbesitzer spielen die immer gleichen Spiele mit den immer gleichen drei gekauften Spielzeugen. So kommt wenig Variationsmöglichkeit auf. Dabei muss kreatives Katzenspiel nichts kosten, sondern ist nur eine Frage der eigenen Fantasie und des Eingehens auf die Ideen der Katze.

Neben den allseits bekannten Jagdspielen, in denen Beute imitiert wird, gibt es etwa auch Ruhe- und Konzentrationsspiele, in denen die Katze beobachtet, Denkspiele, bei denen die Katze hauptsächlich mit einer Problemlösung beschäftigt ist, und Lauf- und Wettkampfspiele, bei denen es darum geht, schneller zu laufen oder höher zu springen als der andere. Gerade lebhafte Katzen lieben auch Illusionsspiele: Sie tun so, als würden sie von einem unsichtbaren Monster durch die Wohnung gejagt und könnten sich gerade noch mit einem Sprung auf die Fensterbank retten.

Neben der Förderung der Intelligenz garantiert das regelmäßige Spiel auch ein Höchstmaß an Wohlbefinden. Katzen haben einen individuell mehr oder weniger stark ausgeprägten Spieltrieb, der entweder von uns und unseren Spielideen, bei einem Freigänger auch draußen mit anderen Katzen oder der Umwelt oder im ungünstigsten Fall bei Langeweile auch an unserer Einrichtung ausgelebt werden muss. Wer also darauf verzichten möchte, dass die Gardine beim Schaukelspiel

Das möglichst naturgetreue Imitieren eines Beutetiers ist eine hohe Kunst.

in kleine Fetzen gerissen wird oder auf der Sofalehne Kratzspuren vom Herunterhangeln verewigt sind, der sollte sich rechtzeitig Spielalternativen überlegen. Naturgemäß sind Katzenkinder sehr verspielt, in höherem Alter nimmt die Spielbereitschaft etwas ab. Allerdings ist es sowohl individuell als auch rassebedingt sehr unterschiedlich, wie viel und wie ausgelassen Katzen spielen. So manche junge Perserkatze wird manchmal lieber gemütlich auf der Fensterbank liegen und die in der Hecke gegenüber hüpfenden Vögel beobachten, während ein Siam-Oldie immer noch wie von der Tarantel gestochen hinter einem geworfenen Papierkügelchen her rast.

Eine Maus ist kein Vogel

Hat man sich für ein klassisches Beute-Animationsspiel entschieden, so ist es für die optimale Spielfreude entscheidend, sich darüber im Klaren zu sein, welches Beutespiel man denn nun eigentlich gerade spielt. Eine Maus etwa verhält sich ganz anders als ein Vogel und das Erlegen einer Maus erfordert ganz

Hier erlegt ein Katzenkind wagemutig seinen eigenen Schatten.

andere Fähigkeiten der Katze. Besonders variationsreich wird das Spiel dann, wenn wir uns bemühen, die gedachten Beutetiere möglichst genau zu imitieren, um in den Spielelementen auch die meist wenig beachteten Details genau nachzustellen.

Wollen wir etwa eine Maus imitieren, so ist es zunächst wichtig sich klar zu machen, dass Mäuse etwa daumenlang sind, also ziemlich klein, und einen lang gestreckten Körper haben. Viele Katzen reagieren besonders stark auf einen kleinen Mauseschwanz am Spielzeug. Neben dem eigentlichen Jagen und Erlegen der Maus, also der Jagdsequenz, gehört zum Mäusespiel auch das Lauern, Beobachten und Anspringen aus dem Hinterhalt. Mäuse laufen beispielsweise selten über offene Flächen ohne Deckung, sie würden in einem Raum an der Wand oder im Schutze der Schränke oder Tischbeine herumlaufen. Interessant wird ein Mäusespiel also, wenn wir es der Katze nicht so leicht machen, sondern unsere Rolle als Maus möglichst überzeugend spielen. Dazu gehört zum Beispiel, dass wir versuchen, unser Spielzeug tunlichst gut zu tarnen und es in Gefahrenbereichen schneller werden zu lassen.

Nichts ist unnatürlicher und damit langweiliger als eine Maus, die nicht schnell wegläuft und die sich wenig aufreizend immer wieder in gleichem Tempo und gleichem Abstand vor der Nase der Katze zeigt. Mäuse lieben schmale Spalten oder Löcher als Unterschlupf. Auch diesen Aspekt des Auflauerns kann man nachstellen, indem man etwa in einen Karton einige Mauselöcher hineinschneidet, hinter denen man die Spielzeugmaus bewegt. Die Katze kann nun mit der Pfote durch diese Löcher greifen und durch dieses offensichtliche Handicap gewinnt das Spiel an Reiz.

Beuteanimationen für Nichtkatzen

Zu den weiteren natürlichen Beutetieren der Katze gehören kleine Vögel, Schlangen oder Eidechsen ebenso wie Kleinsäuger, wie etwa junge Ratten oder Kaninchen. Jede Beutetierart hat ihr eigenes artspezifisches Verhalten, regt mit diesen Eigenarten zu unterschiedlichen Spielen an und bietet damit neue Lernerfahrungen für die Katze. Die Bewegung einer kleinen Schlange am Boden ist anders als die eines Kaninchens, das Fangen der Beutetiere muss dementsprechend auch mit einer unterschiedlichen Technik geschehen. Während Kaninchen etwa mit einem beherzten Sprung mit dem gesamten Kampfgewicht der Katze umgeworfen werden, können herumflatternde Vögel mit einem Pfotenschlag zu Fall gebracht und erst dann gepackt werden.

Auch Fische sind eine sehr beliebte Beute mancher Katzen. Da viele Katzen sich jedoch möglichst wenig nass machen wollen, benötigt diese Art von Spiel einen großen Erfindungsgeist. So muss die Katze eine geeignete Stelle am Ufer zu finden, um den Fisch gerade noch zu erreichen, ohne selbst ins Wasser steigen zu müssen. Wir können mit einer Wasserschüssel dieses Spiel nachstellen. Dazu basteln wir kleine Papierschiffchen, die wir mit einem schmackhaften Leckerli beladen dann zu Wasser lassen und mit unserer Hand und der leichten Wellenbewegung zum Schwimmen bringen. Die Katze wird nun auf ganz unterschiedliche Arten versuchen, an die Beute zu kommen und dabei ihr Köpfchen ordentlich anstrengen müssen.

Lernspielzeug

Kognitiv anspruchsvolles Gehirnjogging versprechen auch die verschiedenen Möglichkeiten der Futterspielzeuge und sogenannten

Mit Lernspielzeug kann sich die Katze lange selbst beschäftigen.

Lernspiele fördern die Pfotenfertigkeit ungemein.

Katzenfummelbretter. Man kann mittlerweile sehr viele dieser durchdachten Spielzeuge im Fachhandel erwerben oder sie einfach aus Papprollen, Plastikbechern und Holzkugeln selbst basteln und damit beliebte Futterbelohnungen auf die unterschiedlichsten Arten verstecken.

Wichtig ist dabei, dass die Katze einerseits nicht durch einen zu hohen Schwierigkeitsgrad frustriert wird, aber andererseits dennoch ganz unterschiedliche Bewegungen ausführen muss, um bei diesen Futterspielzeugen an die Leckerlis zu gelangen. Da gibt es Stationen, die entweder nur mit dem rechten oder dem linken Pfötchen bedient werden können, um die Händigkeit der Katze zu fördern. Andere Spielelemente erfordern beide Vorderpfoten, da ein Futterversteck mit der einen Pfote festgehalten werden muss, während die andere nach den Leckerbissen angelt. Wieder andere Stationen können nur mit dem Köpfchen erreicht werden oder die Katze muss sich auf die Hinterbeine stellen, um die erhöhten Snacks zu ergattern.

Bei all diesen Lernspielzeugen fehlt allerdings die soziale Komponente des gemeinsamen Erlebens. Daher eignen sie sich nur als Ergänzung zum ausgiebigen Spiel mit der Katze und nicht als Ersatz für das interaktive Miteinander von Katze und Mensch.

Intelligent nach Lust und Laune

Alle Katzenhalter, aber auch Katzenforscher können ein Lied von der Eigenwilligkeit unserer Hauskatzen singen. Sie machen bei Intelligenztests eben nur mit, wenn sie wirklich Lust dazu haben. Ihre Motivation dazu richtet sich zum einen danach, was für sie dabei herausspringt. Sind die Belohnungen in ihren Augen von minderer Qualität, so werden sie sich dumm stellen oder schlicht und einfach den Test boykottieren. Zum anderen müssen sie in der Stimmung für solche „Menschenspielereien“ sein. Katzen haben ihren ganz eigenen Lebensrhythmus, den sie sich nicht gern durcheinanderbringen lassen. Viele Katzen haben etwa ein Aktivitätsmaximum, wenn sie gut ausgeschlafen sind. Dann schneiden sie bei Intelligenztests auch besonders gut ab. Testet man dieselbe Katze zu einer anderen Tageszeit, erscheint ihre Leistung viel schwächer.

Meister im Hütchenspiel

Wir alle kennen das Spiel: Ein Hütchenspieler zeigt den Mitspielern eine kleine Kugel und platziert sie unter einem von drei Bechern. Nun schiebt er mit erstaunlicher Geschwindigkeit die umgestülpten Becher mit den Händen über einen Tisch. Wenn der Hütchenspieler die Bewegung stoppt, darf der Spieler angeben, unter welchem Becher sich die Kugel befindet. Wir Menschen haben oft Schwierigkeiten damit, den richtigen Becher zu verfolgen und verlieren ihn immer wieder aus den Augen. Unsere Katzen sind dagegen echte Vollprofis bei diesem Spiel; all ihre Sinne und ihre enorme Konzentrationsfähigkeit machen sie zum am meisten gefürchteten Gegner eines jeden Hütchenspielers.

Wir verstecken also vor den Augen unserer interessierten Katze ein begehrtes Leckerli unter einem Pappbecher, die anderen Becher bleiben leer. Jetzt beginnen wir die Anordnung willkürlich zu verschieben. Die allermeisten Katzen sitzen nun gebannt vor diesem Schauspiel und hypnotisieren den richtigen Becher geradezu. Ohne mit dem Schnurrhaar zu zucken, benennen sie den richtigen Becher und können so ihren „Wetteinsatz" ergattern.

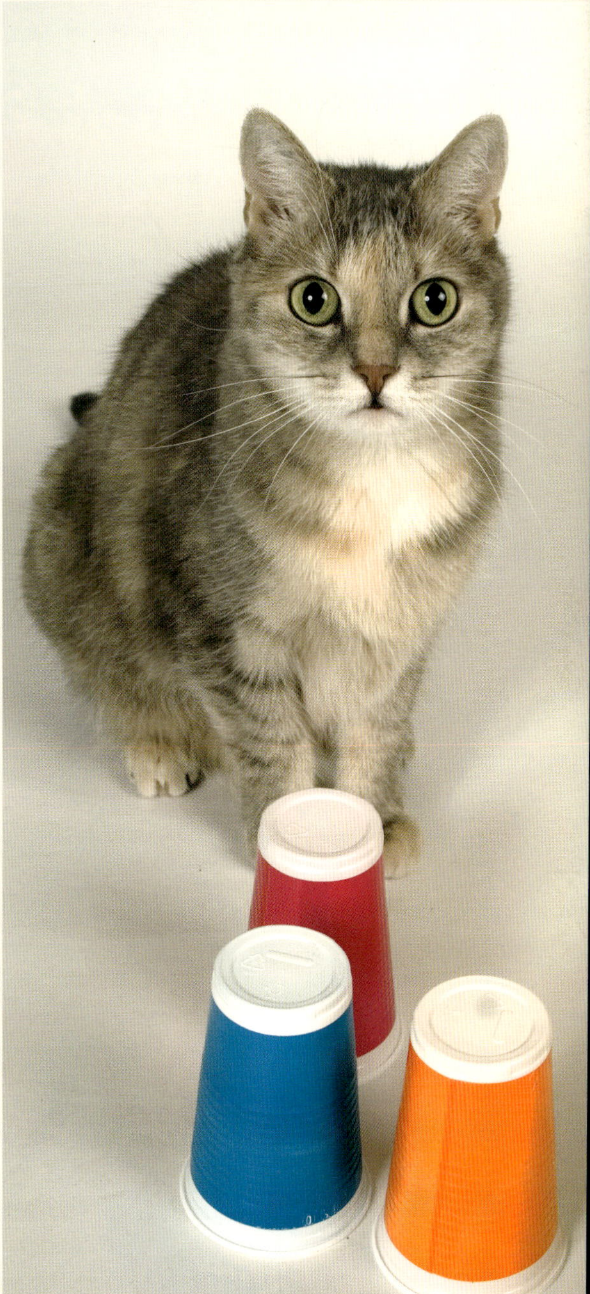

Katzen sind Meister im Hütchenspiel.

Katzen lieben Clickertraining

Belohnungen als Schlüssel zum Erfolg

Sehr viele Katzen können ihr eigentliches kognitives Potenzial gar nicht entfalten, weil sie zu wenig gefördert werden. Sie haben nie gelernt, effektiv zu lernen und ihre Fähigkeiten zu verfeinern. Hinzu kommt die weit verbreitete Meinung, dass man Katzen sowieso nichts beibringen kann, was zur Folge hat, dass sich die meisten Katzenfreunde gar nicht erst damit beschäftigen, wie sie sich ihrer Katze mitteilen und gemeinsam an neuen Lernherausforderungen arbeiten können. Katzen lernen sehr gern und sind ebenso wie Hunde in der Lage, Kommandos zu verstehen, Tricks zu lernen und gemeinsame Spaziergänge zu unternehmen – wenn man denn weiß, wie es katzenfreundlich geht.

Wir werden kreativ

Der Schlüssel zum gemeinsamen Lernen mit der Katze ist das richtige Timing. Katzen können nur dann Dinge miteinander in Verbindung bringen, wenn sie gleichzeitig passieren. Bevor wir also wirklich kreativ mit der Katze spielerisch arbeiten können, müssen wir unser Timing schulen und eine gemeinsame Sprache entwickeln, damit die Katze weiß, wann sie etwas richtig gemacht hat. Katzen sind so schlau, dass sie nur dann bereit sind, mit dem Menschen zusammenzuarbeiten, wenn sie einen gerechten Lohn für ihre Bemühungen erhalten. Wenn nicht, arbeiten sie einfach nicht weiter mit.

Um nun also die Motivation der Katze zur Mitarbeit wirklich hochzuhalten, müssen wir herausfinden, was die Katze wirklich motiviert. Wofür würde sich Ihr vierbeiniger Liebling sprichwörtlich ein Bein ausreißen? Was bewegt Ihre Katze dazu, mit strahlenden Augen aus ihrem Körbchen angelaufen zu kommen? Bei den meisten Katzen liegen besondere Leckereien hoch im Kurs, bei anderen vielleicht ein ausgelassenes Spiel oder sanfte Liebkosungen. Futter hat den Vorteil, dass wir es sehr genau dosieren können. Es eignet sich daher am besten für den Einstieg als Belohnung für die Mitarbeit der Katze. Ob nun kleine Leckerlis, etwas rohes Rindfleisch, Käseeckchen oder Trockenfisch – wichtig ist nur, dass die Katze diese Belohnung wirklich liebt und wir sie in kleine Portionen teilen können.

Der erste Schritt des katzenfreundlichen Intelligenztrainings ist die Entwicklung einer gemeinsamen Sprache mithilfe des Clickertraining-Konzepts. Die Katze soll lernen, dass ein bestimmtes Geräusch eine Belohnung ankündigt und immer genau dann ertönt, wenn

Die Belohnung beim Clickertraining muss von der Katze geliebt werden.

sie etwas richtig gemacht hat. Wir wählen also ein sehr gut wiedererkennbares Geräusch, das keine andere Bedeutung für die Katze hat, wie etwa den Click eines Knackfrosches, ein schmatzendes Kussgeräusch mit dem Mund oder auch ein Fingerschnippen. Grundsätzlich ist die Art des Geräuschs nicht wichtig, es sollte nur leicht zu erzeugen und für die Katze nicht zu verwechseln sein.

Zum Einstieg lassen wir etwa zehnmal hintereinander unser Geräusch ertönen und reichen der Katze jedes Mal direkt ein Leckerli in ihr Mäulchen. Ziel dieses Arbeitsschrittes ist, dass die Katze versteht: Immer dann, wenn sie das Geräusch hört, ist eine Belohnung zu erwarten. Nach den ersten zehn Wiederholungen machen wir eine kurze Pause und legen dann erneut eine Einheit „Geräusch und Belohnung" ein. Schon bald werden wir feststellen, dass die Katze auf das Geräusch zu reagieren beginnt. Sie wird sich der Geräuschquelle zuwenden und ihr Leckerli suchen. Der erste Lernschritt ist damit schon vollendet.

Am nächsten Tag gehen wir einen Schritt weiter und verdeutlichen der Katze, dass sie sich in der Zusammenarbeit mit uns weitere Belohnungstöne und damit Belohnungen erarbeiten kann. Dazu können wir einen Löffel, einen langen Bleistift oder einen anderen länglichen Gegenstand nehmen und ihn der Katze dicht vor die Nase halten. Wenn sie nun zufällig aus Neugier mit der Nase den Löffel berührt, dann markieren wir genau den Moment, wenn die Nase den Gegenstand anstupst, mit unserem Belohnungston und gleich darauf mit einem Leckerli. Wiederholen wir das oft genug, weiß unsere Katze, dass sie für das Berühren des Löffels belohnt wird.

Nach und nach kann der Schwierigkeitsgrad gesteigert werden, indem wir das sogenannte Target, also den Löffel, weiter weg halten und die Katze nur noch dann mit dem Geräusch und dem Leckerli belohnen, wenn sie dem Gegenstand folgt und dann berührt. Schon haben wir eine Katze, die sich sozusagen an der Nase durch die Wohnung herumführen lässt.

In diesem ersten Stadium könnte man sich fragen, warum man nicht gleich die Belohnung gibt, sondern immer erst den Belohnungston erklingen lässt. Die Erklärung liegt in den später immer komplexeren Möglichkeiten, mit der Katze an Denksportaufgaben zu arbeiten. Der Ton gibt uns die Freiheit, der Katze ganz präzise zu sagen, was sie genau wann richtig macht. Er markiert sekundengenau den richtigen Moment. Das wird vor allem wichtig, wenn wir bei schwierigeren Aufgaben weiter von der Katze entfernt sind. Es wird uns schwerfallen, der Katze ein Leckerli zu reichen, während sie zum Sprung von einem Küchenstuhl zum nächsten ansetzt. Hier kann ihr der Belohnungston sagen: „Super, genau das war jetzt richtig." Wir haben uns somit Zeit erkauft, ihr das Leckerli etwas später geben zu können, da sie in den einfachen Anfangsübungen das Grundprinzip verstanden hat und weiß, dass es für jeden Ton eine Belohnung gibt.

Und noch mehr hat sie aus dieser Anfangsübung gelernt: Katzen werden nämlich von Natur aus immer das wiederholen, was sich für sie gelohnt hat. Will sie also mehr Belohnungen, wird sie bereit sein herauszufinden, was sie dafür tun muss und wie sie dafür mit

Clickerclevere Katzen verdienen sich ihre Belohnungen häppchenweise.

uns zusammenarbeiten kann. Sie wird also ihr schlaues Köpfchen anstrengen und nach und nach vom Verstand her immer reger und experimentierfreudiger werden. Derart geübte Katzen, die Meister in Logikspielen und Kreativitätstraining wie beim Clickertraining sind, nennt man clickerclever. Sie sind in der Lage, Zusammenhänge schnell zu begreifen, Übungen zu abstrahieren und ihre eigenen Bewegungen bewusst einzusetzen. Auf diesem Wege erhöht Clickertraining die Intelligenz und Aufgeschlossenheit.

Natürlich muss keine Katze diverse Tricks beherrschen. Das Clickertraining hilft ihr aber ungemein dabei, sich auf eine Aufgabe zu konzentrieren, es verbessert ihr Gedächtnis und schärft die Wahrnehmung. Und was vielleicht

Ein Hocker wird schnell zum Stubentigerpodest.

am wichtigsten ist: Es bringt viel Spaß bei der gemeinsamen Beschäftigung. Je clicker-cleverer die Katze ist, desto leichter wird es ihr fallen, einmal gelernte Zusammenhänge auf andere Probleme zu übertragen. Hat sie etwa spielerisch gelernt, auf einen bestimmten Platz zu gehen, so kann sie dieses Verhalten in einer weiteren Übungseinheit da-rauf übertragen, in die Katzenbox zu gehen. So wird ein stressfreies Transportieren der Katze möglich.

Im Folgenden möchte ich einige Anregungen zu einfachen ersten Denksportaufgaben geben, die sich natürlich beliebig erweitern lassen. Beachten Sie aber bitte, dass alle Übungseinheiten nicht länger als fünf Minuten andauern dürfen und die Erarbeitung der Tricks mehrere Tage in Anspruch nehmen kann.

Stubentigerpodest

Ein einfacher, aber eindrucksvoller Trick ist das Springen auf ein Podest wie ein Tiger im Zirkus. Dafür eignet sich ein kippsicherer Hocker oder Stuhl ebenso gut wie ein dickes Sitzkissen. Zunächst locken wir die Katze mit einem Spielzeug oder einigen ausgelegten Leckerlis in die Nähe des Podests und belohnen sie für jede Annäherung mit unserem Belohnungston und einem Leckerli. So weiß sie schon bald, dass das neue Clickerspiel mit eben diesem Gegenstand zu tun hat, nur zunächst noch nicht, was genau damit zu tun ist.

Wartet man nun einige Sekunden ab, wird sie sich mit dem Podest auseinandersetzen. Wir begleiten ihre Bemühungen mit Belohnungston und Leckerli. Sie wird zum Beispiel mit ausgestrecktem Pfötchen die Sitzfläche berühren, am Sitzkissen schnuppern oder sogar einen großen Sprung auf den Sitz machen. Wie gering auch immer ihre Bemühungen der Annäherung zunächst erscheinen, die Katze wird dafür gelobt und belohnt. Nach und nach zentrieren wir ihre Bemühungen, indem wir nicht mehr jegliche Verhaltensweise am Podest belohnen, sondern nur noch ein Aufspringen. Später dann markieren wir nur noch ein Sitzen auf dem Podest mit dem Belohnungston und versüßen diesen Erfolg mit einem Leckerbissen.

In diesem Stadium wird sie wissen, wozu der Hocker da ist. Jetzt kann ein Kommando für das Springen auf das Podest eingeführt werden: Unmittelbar bevor die Katze zum Sprung ansetzt, sagen wir „Auf!“ oder weisen mit der Hand auf das Podest, um unsere Absicht anzuzeigen. Nach einigen Wiederholungen belohnen wir die Katze nur noch, wenn sie nach dem Kommando auf das Podest springt, und nicht mehr, wenn sie einfach so darauf springt.

Von der Decke ins Körbchen

Die erste Gelegenheit, eine Denkaufgabe in ein anderes Problemfeld zu übertragen, bietet sich nach der Podestübung an, indem man der Katze andere Orte zeigt, auf die sie sich zu bewegen soll. Dies kann etwa eine Decke am Boden sein. Wieder wird die Katze immer dann belohnt, wenn sie sich der Decke nähert, vielleicht zunächst zaghaft daran schnuppert, um dann die erste Pfote darauf zu setzen.

Wieder erhöhen wir langsam, fast unmerklich für die Katze unsere Anforderungen. Während wir also eben noch für jede Beschäftigung mit der Decke belohnt haben, werden wir nun nur noch das Betreten der Decke als richtiges Verhalten mit dem Belohnungston markieren und mit dem Leckerli verstärken. Die Decke soll zum interessantesten Platz überhaupt für den Moment werden.

Katzen, die vorher schon eine Erfahrung mit der Podestübung oder dem Löffelfolgen gemacht haben, werden nun in ihren geistigen Kosmos einbauen, dass es Gegenstände gibt, mit denen man auf eine bestimmte Art und Weise interagieren und somit mit dem Menschen kommunizieren kann. Sie beginnen herauszufinden, dass sie es sind, die Rätsel lösen und neue Spiele erfinden können. Hat die Katze einmal verstanden, die Decke sicher zu betreten, könnten wir die Decke zum Beispiel immer weiter in die Nähe des Transportkorbs schieben und schließlich in die Box hineinlegen. Die Katze wird natürlich weiter in ihren Bemühungen bestärkt und belohnt.

Gib Pfötchen

Ein wirklich spektakulärer Trick unseres kleinen Zirkustigers ist das Heben der Pfote auf Kommando. Wenn wir dazu einer sitzenden

Zunächst wird jede Bemühung der Katze belohnt, später gibt es nur noch für akkurat ausgeführte Lektionen eine Belohnung.

Katze ein Leckerli über die Nase halten, lehnen sich die meisten Katzen nach hinten und angeln mit einer Pfote danach. Das können wir nun einige Male wiederholen und den Moment, wenn sie ihre Pfote ausstreckt, mit Click und Leckerli honorieren. Nach und nach locken wir nicht mehr mit einem Leckerli, sondern nehmen nur noch unsere leere Hand in die Lockposition und deuten die Bewegung nur noch an. Reagiert die Katze trotzdem korrekt, erhält sie das ersehnte Lob. Ab jetzt denken wir uns ein bestimmtes Kommando aus wie zum Beispiel „High five“ und sagen dies immer, sobald sie nur leicht das Pfötchen hebt.

Von Natur aus sind die meisten Stubentiger entweder Rechts- oder Linkshänder, wie wir Menschen auch. Übungen wie diese können helfen, die beidseitige Geschicklichkeit ihrer Pfoten zu steigern und ihnen die Möglichkeit geben, Probleme auch mit der für sie ungewohnten Pfote zu lösen. So können wir bei der Pfötchenübung ganz bewusst besonders das Heben der für die Katze schwierigeren Pfote markieren.

Besonders lebhafte Katzen lieben es knifflig und brauchen Beschäftigung – ansonsten hecken sie gemeinsam Unsinn aus.

Sprung durch den Reifen

Richtig akrobatisch wird es, wenn die Katze mit einem riesigen Satz durch einen angebotenen Reifen springt. Für den Hausgebrauch leistet ein Kuchenring hier gute Dienste. Die Bewunderung aller Besucher ist uns mit einer solchen zirkusreifen Vorführung gewiss.

Auch die ersten Schritte hierbei können ganz banal sein. Zunächst wird die Katze wieder für jede Annäherung an den Reifen mit Belohnungston und Leckerli gelobt. Wir können sie dann mit dem schon bekannten Löffel, hinter dem sie herläuft, zum ersten Mal durch den mit der Kante auf dem Boden stehenden Reifen führen. Wir markieren genau den Moment, in dem die Katze den Ring durchschreitet. Nach einigen Wiederholungen testen wir, ob die Katze verstanden hat, dass es nun um den neuen Gegenstand geht, den Reifen, und halten ihn hin, ohne die Katze mit dem Löffel zum Folgen aufzufordern. Klappt das, wird sie ausgiebig gelobt und belohnt. Nach und nach heben wir den Reifen millimeterweise immer weiter vom Boden, bis ein echter Sprung nötig ist, um ihn zu durchqueren. Wieder zeigen wir mit unserem Belohnungston den richtigen Weg auf, indem wir ihn erzeugen, wenn die Katze mitten im Ring ist, und wenn wir ihr gleich darauf ihren Leckerbissen überreichen.

Dieser Trick besitzt schon eine gewisse Dynamik und erfordert eine hohe Körperkoordination. Wir können der Katze mit einer solchen Übung helfen, den eigenen Körper besser kennenzulernen und ihn bewusst einzusetzen. Nebenbei trainieren wir ihre Ausdauer und Beweglichkeit. All diese Tricks und kleinen Übungen sollten aber in erster Linie unseren geliebten Samtpfoten Spaß bereiten und nicht zu einer Überforderung aus falschem menschlichen Ehrgeiz führen.

Katzen lieben es knifflig

Katzen brauchen die geistige Herausforderung. Sie lieben es, immer neue knifflige Rätsel zu lösen, entwickeln sehr gern ihre Pfotenfertigkeit weiter und beschäftigen sich am liebsten lange mit dem Futter, statt es in wenigen Minuten zu verschlingen. Das Clickertraining befriedigt also ein tiefes Bedürfnis der Katze, denn hierbei kann sie sich auf spielerische Art und Weise ihr Futter erarbeiten. Das Clickertraining fördert die Fähigkeit der Katze, um die Ecke zu denken und mit vollem Körpereinsatz an die Belohnungen zu gelangen.

Gerade wenn die erlernten Übungen sukzessive immer schwieriger gestaltet werden, hat die Katze die Chance, mit viel Spaß ihr geistiges Potenzial zu entfalten. Dazu wird der Schwierigkeitsgrad nach und nach so minimal erhöht, dass die Katze immer wieder kleine Erfolgserlebnisse hat. Das erfordert von uns einiges an Vorüberlegungen – zum Beispiel dazu, welche Lernabschnitte aufeinander aufbauen können und welche Zwischenschritte belohnt werden sollen.

Das *Geheimnis* ihres Erfolgs

Wilder Charme und überragende emotionale Intelligenz

Wie wir bereits erfahren haben, wurden unsere samtpfotigen Hausgenossen von Mutter Natur mehr als reichlich mit athletischer Anmut und intellektuellem Scharfsinn bedacht. Ihre wahre Geheimwaffe aber ist ihre alles überragende emotionale Intelligenz. Wohl kaum eine andere Tierart in menschlicher Obhut ist in der Lage, unsere Gefühle zu lesen und ihre eigenen Emotionen auf uns zu übertragen. Sie sind schnurrende Stimmungsbarometer mit der fantastischen Fähigkeit, uns Menschen glücklich zu machen.

Katzen spüren, wer ein Herz für sie hat.

Auge in Auge mit der Katze

Die emotionale Sensibilität der Katze ist sicher einer der Hauptgründe dafür, dass wir eine so enge Bindung zu diesen einzigartigen Tieren aufbauen können. Ihre Gefühlswelt ist jedoch wohl nicht eins zu eins mit dem gleichzusetzen, was beim Menschen emotionale Intelligenz genannt wird. Die emotionale Intelligenz wurde beim Menschen als eine Art Gegenentwurf zur kognitiven Intelligenz, die sich auf das Verstehen und Bewerten bezieht, und der sozialen Intelligenz als Ausdruck angemessenen Verhaltens in Gesellschaft beschrieben. Emotional intelligente Lebewesen sind nicht nur in der Lage, ihre eigenen Gefühle zu identifizieren und zu verstehen, sie sind außerdem imstande, diese zu beeinflussen und ihr Gegenüber für sich einzunehmen. Eine große Rolle spielt hier auch die Fähigkeit zur Empathie, zum Mitfühlen mit anderen, und den damit einhergehenden angemessenen Reaktionen gegenüber seinen Mitgeschöpfen.

Wir wissen noch nicht, wie bewusst sich Katzen ihrer Gefühle sind. Was wir aber wissen ist, dass sich ihre Erlebniswelt sehr stark an den von ihnen empfundenen Emotionen orientiert. Sie nehmen die Welt nicht nur mit ihren Sinnen und ihrem kognitiven Bewusstsein

Katzen stellen unmissverständlich klar, wenn ein Hochheben nicht erwünscht ist.

wahr, sondern viel stärker als wir Menschen mit den gleichzeitig beteiligten Emotionen. Sie werden viele Situationen weniger logisch bewerten, sondern mehr ihrem Bauchgefühl trauen, das ihnen entweder zur Vorsicht rät oder aber zum entspannten Verweilen.

Katzen spüren beispielsweise eine unterschwellige Abneigung mancher Menschen und gehen diesen aus dem Weg. Sicher hat jeder schon einmal davon gehört, dass einigen Menschen wieder und wieder heimatlose Katzen zulaufen. Ein Zufall? Eher nicht, sondern vermutlich ein Zeichen kätzischer emotionaler Intelligenz. Katzen spüren, wer intuitiv eine verwandte Katzenseele besitzt und sie quasi unausgesprochen zu sich einlädt. Echte Katzenliebhaber haben offenbar auf viele Katzen eine so vertrauenswürdige Ausstrahlung, dass auch fremde Katzen gern mit ihnen in Kontakt treten und sich beispielsweise bei einer Begegnung während eines Spaziergangs bereitwillig von ihnen streicheln lassen.

Die gegenseitige emotionale Verbindung ist die Basis, auf der wir uns wortlos verstehen. Katzen erspüren die Empfindungen ihrer Menschen, sie spenden ebenso selbstverständlich Trost wie sie selbst auch die menschliche Nähe suchen, wenn sie sich nach einer seelischen Streicheleinheit sehnen.

Ungefragtes Berühren verboten

Beim Thema Streicheln wird deutlich, wie wenig emotional intelligent manche Menschen unseren Katzen vorkommen müssen. Wie oft wird gesagt: „Katzen sind falsch. Eben noch wollte sie gestreichelt werden, dann kratzt und faucht sie plötzlich ohne Vorwarnung und ohne dass ich etwas falsch gemacht habe."

Schaut man sich so beschriebene Situationen genauer an, werden meist immer die gleichen Problemfelder ersichtlich. Jede Katze besitzt eine spezifische Individualdistanz, einen gedachten Raum um sich herum, den niemand ohne ihre stille Zustimmung und Aufforderung betreten darf, wenn er nicht ein unmissverständliches Abwehrverhalten riskieren will. Während es bei einigen Katzen durchaus nicht schlimm ist, sich mal ungefragt neben sie auf die Couch zu setzen, kann bereits dieses Verhalten bei scheueren Naturen zu einem Abbruch des Kontakts führen und sie werden pikiert ein anderes Plätzchen aufsuchen.

Ebenso liebt es nicht jede Katze, mal eben so ohne Berücksichtigung der einfachsten kätzischen Höflichkeitsformen angefasst zu werden. Wer also eine Katze ohne vorhergehende Kontaktaufnahme und ohne Zustimmung in Form von Blickkontakt, Zuzwinkern, Schmiegen oder Köpfchengeben berührt, der muss nach diesem Fauxpas mit einer harschen Reaktion rechnen, die je nach Temperament der Diva mal zart, mal weniger zart ausfallen kann. Auch die Art der Berührung ist für die Beziehung zwischen Mensch und Katze entscheidend. Jede Katze hat andere Vorlieben. Manche mögen eher kreisende, liebkosende Berührungen, während andere gern kräftig gekrault werden möchten. Auch die verschiedenen Körperregionen der Katze sind unterschiedlich positiv besetzt. Viele Katzen haben Tabuzonen, bei denen das Berühren durch Menschenhände streng verboten ist, wie etwa Bauch oder Hinterteil. Manche Katzen lernen im Laufe der Beziehung zu ihrem Menschen derartige Berührungen schätzen, andere können nur mit viel Geduld daran gewöhnt werden, auch in kitzeligen Regionen zum Beispiel gebürstet zu werden.

Katzen sind hoch empfindsam; viele Menschen haben aber Probleme, das Katzenverhalten hier einzuordnen und zu verstehen. So gibt es etwa zahlreiche Katzen, die generell nicht berührt werden möchten, wenn der Mensch sich emotional nicht voll und ganz auf sie einlässt, sondern sie eher nebenbei mechanisch streicheln und gleichzeitig fernsehen möchte. Das ist anscheinend für viele Katzen eine taktlose Zumutung und nicht ihre Vorstellung vom Austausch von Zärtlichkeiten.

Katzen spüren sehr genau, wenn sie nicht mehr das uneingeschränkte Zentrum unserer bedingungslosen Zuwendung sind. Das ist häufig der Moment, in dem eine sensible Katze ihrerseits den Körperkontakt sofort beendet. Daneben nehmen viele Menschen die subtilen Veränderungen der Körpersprache der Katze zu wenig wahr. Mit ihren körpersprachlichen Signalen gibt sie Auskunft über ihren Gefühlszustand. Wenn also etwa die Schwanzspitze wiederholt hektisch zuckt, so steigt ihr Erregungsgrad und aus der Schmusekatze kann ganz schnell eine unleidliche Kratzbürste werden.

Was für die eine Katze eine Tabuzone ist, kann für eine andere die Lieblingskraulstelle sein.

Der *Katzen*-IQ-Test

So sieht's in ihrem Köpfchen aus

Rein wissenschaftlich gesehen lässt sich Intelligenz nicht mit einer Zahl messen – dafür sind viel zu viele Komponenten beteiligt. Auch beim Menschen sind daher die vielen unterschiedlichen IQ-Testverfahren umstritten und in ihrer Aussage eher zweifelhaft.

Ganz allgemein ist die Intelligenz der Katze abhängig von diversen Faktoren: von der Tagesform, der Motivation für die Erfüllung der gestellten Aufgabe, der Konzentrationsfähigkeit, der Persönlichkeit und dem Talent für dieses oder jenes Problemfeld. Es gibt sicher „Allroundtalente", denen man eine hohe allgemeine Intelligenz nachsagen kann; es gibt aber auch klare Spezialisten, die sich mit der einen Herausforderung sehr leicht tun, während Sie mit der anderen schlicht überfordert sind.

Deine Katze, das verkannte Genie?

Hat unsere Katze erst einmal gelernt, dass das gemeinsame Erleben und Lernen mit dem menschlichen Partner Spaß macht, wird sie bei weiteren intellektuellen Anregungen begeistert mitmachen. Außerdem wird sie auch von sich aus uns Menschen dazu animieren, kreative Spiele und Freizeitaktivitäten für sie zu erfinden. Wir können unserer Katze beim Denken zusehen, uns an ihrer Katzenlogik erfreuen und viel über ihren individuellen Charakter erfahren, wenn wir schon in Alltagssituationen etwas genauer hinsehen und uns in ihr schlaues Katzenköpfchen hineinversetzen. Die folgenden Aufgaben des kleinen IQ-Tests sollten wir mit einem Augenzwinkern an uns und unsere Katze stellen.

Es ist angerichtet

Eine der Hauptaufgaben von allen liebevollen Dosenöffnern ist die tägliche Zubereitung einer Schlemmermahlzeit für unseren schnurrenden Mitbewohner.

Wie reagiert Ihre Katze auf dieses Ritual?

a) Sie kommt sofort herangaloppiert und kann es gar nicht erwarten, bis sie das Schälchen hingestellt bekommt.
b) Sie schaut kurz von ihrem gemütlichen Schlafplatz hoch, lässt sich aber nicht weiter beeindrucken.

Gewitzte und besonders hungrige Katzen wissen meist schon sehr früh, dass ihr Mensch in Begriff ist, sich um ihre Mahlzeit zu kümmern. Hier reichen bereits einige charakteristische Schritte ihres Hauspersonals in Richtung Schrank, schon ist sie im Bilde.

Es spricht allerdings der gesunde Katzenverstand auch dafür, manchmal abzuwarten, was der Mensch macht, und aus der Ferne zu lauschen. Vielleicht bemüht sich der Zweibeiner ja besonders, wenn die Katze nicht gleich auf der Matte steht. Sich rar machen ist eine der herausragenden Fähigkeiten unserer Katze – und es springt für diese Primadonna oft ein Extraleckerbissen dabei heraus.

Den frühen Vogel fängt die Katze

Jede Mensch-Katzen-Beziehung hat ihre eigenen Morgenrituale: Während die einen von einem lieblichen Miau aus dem Bett gezogen werden, bleiben die anderen so lange wie möglich gemeinsam im kuscheligen Bett liegen.

Erinnert Ihr Stubentiger Sie an die Frühstückszeit?

a) Pünktlich wie jeden Morgen steht der kleine Frühaufsteher vor dem Bett und macht maunzend auf seinen Appetit aufmerksam.
b) Bei den ersten Sonnenstrahlen lässt sich die Schlafmütze nur zu einem müden Blinzeln hinreißen.

Eine besondere Fähigkeit jeder Katze ist ihre hervorragend funktionierende innere Uhr. Katzen haben sehr genaue Vorstellungen davon, was zu welcher Tageszeit zu geschehen hat. Während die einen ihre Menschen netterweise auf den Tagesablauf aufmerksam machen, erwarten die anderen stillschweigend, dass sich sowieso alles nach ihren Wünschen richtet.

Es ist schön, gemeinsam in den Tag zu starten.

Der Pappbecher-Test

Sie brauchen einen undurchsichtigen Pappbecher und verführerische Leckerlis. Zeigen Sie der Katze die Happen und verstecken Sie diese vor ihren Augen unter dem umgedrehten Pappbecher.

Findet die Katze einen Weg, um die Leckerlis zu ergattern?

a) Mit einem gezielten Pfotenhieb wird der Becher umgeworfen und der Leckerbissen unverzüglich verspeist.

b) Der Becher wird umkreist und der Mensch schmiegend in die Aufgabe einbezogen.

Während das Motto einiger Katzen „Selbst ist die Katze" zu sein scheint und sie Probleme am liebsten in die eigene Pfote nehmen, erwarten andere Katzen geradezu die aufopfernde Hilfe ihrer menschlichen Bezugsperson – auch wenn sie diese gar nicht bräuchten, da es natürlich ein Leichtes wäre, selbst an das Leckerli zu gelangen. Aber Menschen sind so niedlich, wenn sie bei den einfachsten Spielen denken, sie hätten eine Riesenleistung vollbracht.

Das Plappermäulchen

Ein Miau sagt mehr als tausend Worte. Clevere Katzen setzen ein ganzes Repertoire an Lauten und natürlich ihren unvergleichlichen Charme ein, um das zu erreichen, was sie wollen.

Wie meldet sich Ihre Katze, wenn sie eine geschlossene Tür geöffnet haben möchte?

a) Ein vorwurfsvolles Miau an der Tür ist der dringende Appell an den Menschen, sofort an der Haustür zu erscheinen.

b) Ein tiefer Blick in die Augen des Menschen genügt, um diesen zum Türdienst zu bewegen.

Katzen sind wahre Meister der Kommunikation. Sie zeigen, was sie wollen und wissen genau, welche Knöpfe sie dafür bei uns drücken müssen. Während es Katzen vom Plaudertyp gibt, die alles, was sie tun, mit klangvollen Miau-Variationen kommentieren müssen, gehen andere davon aus, dass schon ein Augenzwinkern genügend Hinweise auf ihre Bedürfnisse gibt. Sollen wir Menschen ihnen doch ihre geheimen Wünsche von den Katzenaugen ablesen.

Die Katzen-Königsklasse

Viele Katzen imitieren gekonnt das Verhalten der Menschen, so merkwürdig es ihnen auch manchmal erscheinen mag. Hin und wieder ist es doch ganz nützlich, etwa wenn es darum geht, eine Tür zu öffnen oder die Schublade als bestes Versteck im Haus aufzuziehen.

Besitzt Ihr kleines Genie eine Fähigkeit, die sie nur durch Beobachtung des Menschen gelernt hat? Benutzt sie etwa die Menschentoilette, öffnet Türen oder Schränke?

a) Der Menschenversteher-Typ ahmt all das nach, was er für vielversprechend hält.
b) Der „Katze-bleibt-Katze"-Typ managt sein Leben nach alter Katzentradition und übernimmt aus Prinzip keine menschlichen Verhaltensweisen.

Katzen wissen, was sich lohnt, und vor allem, wie sie am leichtesten durchs Leben kommen. Sie nehmen von allem das Beste, ob sie nun gewiefte Menschenkenner sind und viel durch Beobachtung anderer lernen oder sich ganz auf die eigenen herausragenden Talente verlassen.

Matchball: Katze

Katzen sind Ausbunde an Spielfreude und kombinieren ihre verschiedenen Jagdstrategien zu immer neuen Spielvariationen. Vom Versteck- über das Vogel- bis zum Ballspiel: Die verspielte Katze kennt diverse Spielregeln aus dem Effeff.

Wie viele verschiedene Spielarten kennt Ihre Samtpfote?

a) Der Top-Athlet: Samtpfote mit bis zu fünf verschiedenen Spielvorlieben.
b) Das Multitalent: Zehnkämpfer mit mehr als zehn verschiedenen Spielkenntnissen.

Im Katzenköpfchen: Top-Athlet einer Spezialdisziplin, moderner Fünfkämpfer nach Katzenart oder Multitalent? Intelligent ist immer das, was die Katze daraus macht. Es kann sinnvoll sein, sich auf ein Spiel zu konzentrieren und Meister aller Klassen in dieser einen Disziplin zu werden. Andere sind echte Spielernaturen. Sie machen aus jeder Situation und jedem Alltagsgegenstand ein Spiel und erfreuen sich an dem ständigen spielerischen Wettkampf.

Fensterln nach Katzenart

Ihr Miniräuber sitzt auf seinem Fensterbrett und beobachtet durch das Fenster eine Gruppe Meisen in der Gartenhecke.

Wie stark lässt sich Ihre Katze von diesem Schauspiel begeistern?

a) Sie keckert, gurrt und schnattert aufgeregt und lässt die kleinen Flattermänner nicht aus den Augen.

b) Gemütlich beobachtet sie das Treiben in der Hecke, und selbst wenn ein Vöglein direkt vor dem Fenster seine Kreise zieht, rümpft sie nur gelangweilt das Näschen.

Als waschechtes Raubtier gerät man schon einmal aus dem Häuschen, wenn so ein vorwitziger Vogelschwarm vorbeikommt. Da heißt es volle Konzentration und immer schön hinter dem Fensterrahmen in Deckung gehen, vielleicht gibt es heute zum Abendbrot doch noch Geflügel zu schmausen. Als gemütliche Hauskatze hingegen hat man schon bessere Tierfilme gesehen … Nur nicht unnötig aufregen, denn das Futter wird ja gleich von der netten Nichtkatze serviert.

Katzenfernsehen!

Sie sehen, wie das Lieblingsspielzeug Ihres kleinen Beutegreifers nach einer wilden Verfolgungsjagd unwiederbringlich hinter der schweren Kommode verschwindet.

Wie geht Ihr Liebling mit dieser Situation um?

a) Das Möbelstück wird von nun an jeden Tag zu unterschiedlichen Zeiten belauert und kaum noch aus den Augen gelassen.

b) Der unglückliche Spielkamerad jammert herzerweichend vor der Kommode, kratzt an den aufwendig geschnitzten Beinen und lockt uns immer wieder zu diesem Möbelstück.

Die lauernde Mieze weiß ganz genau, wo sich ihr Spielzeug befindet. Ihr Ehrgeiz es zu erlegen ist entfacht, sobald es sich aus seiner Deckung heraustraut – egal, wie lange sie darauf warten muss. Dagegen ist der Mitleid heischenden Samtpfote auch der Aufenthaltsort ihres Spielzeugs bewusst, aber sie weiß, dass das Ding nicht von allein wieder auftaucht. Stattdessen soll ihr Mensch mal schön die schwere Kommode von der Wand rücken, sonst wird hier ewig weiter herumgenörgelt.

Schleiertanz mit unsichtbarer Katze

Sie haben eine schicke neue halbdurchsichtige Tischdecke erstanden und Ihre Katze zeigt sich sofort hellauf begeistert.

Wie spielt sie mit dem neuen Accessoire?

a) Sie schlüpft unter die Tischdecke und glaubt, unter dem durchscheinenden Stoff unsichtbar zu sein. Jetzt kann sie die Umgebung vermeintlich ungesehen beobachten und Scheinangriffe auf die anderen Bewohner starten.

b) Die neue Decke ist zwar interessant, aber weder kann man sich darunter anständig verstecken noch gefällt ihr die Farbe.

Die fantasievolle Katze liebt das Versteckspiel und die hinterhältigen Attacken aus ihrer perfekten Höhle heraus. Dabei merkt sie gar nicht, wie albern sie sich benimmt, weil doch alle sie ganz deutlich in ihrem Domizil sehen können. Dagegen weiß die sachliche Katze sofort, dass diese neue Decke sich weder als Versteck eignet noch den Esstisch besonders verschönert. Aber sie tut ihrem Menschen den Gefallen, gibt sich interessiert und zieht ihm zuliebe genüsslich lange Fäden aus dem kostbaren Material.

Ist das zum Spielen oder kann das weg?

Endlich hat man sich den neuen Großfernseher leisten können. Wenn da nur nicht diese Unmengen an Verpackungsmaterial wären ...

Wie reagiert Ihre Katze auf den großen Karton und das knisternde Packpapier?

a) Die Entdeckerkatze muss natürlich sofort alles erkunden, in den Karton hineinspringen und mit dem Papier kämpfen.

b) Die haarige Diva sieht sich den ganzen Unrat pikiert an und macht einen weiten Bogen um dieses Chaos.

Während die eine Katze keine Gelegenheit auslässt, neue Versteck- und Spielmöglichkeiten zu erproben, fragt sich die gediegene Samtpfote zu Recht, warum der Abfall hier im Wohnzimmer herumliegen muss und ihr schönes Heim verunziert.

Die ganze Welt ist ein Abenteuerspielplatz.

Der Naschkatzentest

Welche Köstlichkeiten versprechen der Katze das Paradies auf Erden? Die unerschöpfliche Vielfalt an Leckerbissen für Stubentiger verspricht Genuss für jeden Geschmack, vom Fischbällchen über Käsespezialitäten bis hin zu getrockneten Fleischstreifen ist alles dabei.

Welche Leckerbissen würde Ihre Naschkatze wählen, wenn Sie ihr die Wahl lassen?

a) Der echte Katzengourmet kennt nur ein einziges Lieblingsfutter und bleibt ihm treu.
b) Die wilde Naschkatze probiert alles aus, was verführerisch duftet und Genuss verspricht.

Katzengourmets haben ihre Vorlieben von Kindesbeinen an verinnerlicht und vertrauen ihrem erlesenen Geschmack. Neue Geschmacksrichtungen können da ohnehin nie heranreichen. Naschkatzen-Profis wissen um den Vorteil der Vielfalt. Sind Lachshäppchen einmal aus, so kann man immer noch auf Tartar umsteigen.

Fazit

Wie Sie vielleicht bei diesem kleinen Katzenintelligenztest (KIQ) bemerkt haben, geht es nicht darum herauszufinden, welche Katze besonders schlau ist oder einen besonders hohen Katzen-IQ besitzt. Jede Katze ist auf ihre Art clever und hat eine Strategie entwickelt, die ihr das Zusammenleben mit ihren Zweibeinern so angenehm wie möglich macht. Freuen Sie sich also darüber, dass Ihr Stubentiger sein Leben mit Ihnen teilt und Ihr Dasein mit seinem Charme jeden Tag bereichert.

Anhang

Register

Kontakt zur Autorin

www.cleverekatzen.de
Homepage von Marlitt Wendt mit Informationen zu den Themen Katzenverhalten, Spielen mit Katzen und Clickertraining.